环保公益性行业科研专项经费系列丛书

甲壳素行业污染治理与清洁生产评估

向罗京　沈晓鲤　蔡俊雄　崔龙哲　施晓文　王东方　薛发生　编著

中国建筑工业出版社

图书在版编目（CIP）数据

甲壳素行业污染治理与清洁生产评估 / 向罗京等编
著. — 北京：中国建筑工业出版社，2020.12
（环保公益性行业科研专项经费系列丛书）
ISBN 978-7-112-25831-4

Ⅰ. ①甲… Ⅱ. ①向… Ⅲ. ①甲壳质-化学工业-污
染防治②甲壳质-化学工业-无污染技术-评估 Ⅳ.
①X789

中国版本图书馆 CIP 数据核字（2021）第 024600 号

本书是作者对这项开展近一年的企业调查与评估工作的总结，内容（见第4章）涉及：主要产品生产排放的"三废"，特别是排放废水的污染状况现场调查与监测；对典型企业的污染防治措施调查与技术水平的评估，同时推介一些企业在污染源头治理减排、降耗和资源回收方面取得成效的清洁生产工艺。为使读者对甲壳素这一新兴产业有较全面的了解，本书从开始（第1、2章）较系统地介绍了甲壳素科学发展与应用，甲壳素/壳聚糖衍生物的不断开发，带来了医疗、保健、食品、化妆等与人民生活密切相关的新产品。在第3章，作者用翔实资料介绍了国内外甲壳素产业现状和发展趋势，以及国内甲壳素行业经整合和转型升级取得的初步成果。

本书可作为环境管理人员、环境工程技术人员工具书，也可作为院校环境管理专业的清洁生产案例教学参考用书。

责任编辑：于 莉 王美玲
责任校对：王 烨

环保公益性行业科研专项经费系列丛书
甲壳素行业污染治理与清洁生产评估
向罗京 沈晓鲤 蔡俊雄 崔龙哲 施晓文 王东方 薛发生 编著

*

中国建筑工业出版社出版、发行（北京海淀三里河路9号）
各地新华书店、建筑书店经销
北京鸿文瀚海文化传媒有限公司制版
北京建筑工业印刷厂印刷

*

开本：787毫米 * 1092毫米 1/16 印张：4 字数：93千字
2021年2月第一版 2021年2月第一次印刷
定价：**25.00**元
ISBN 978-7-112-25831-4
（36105）

前　言

我国甲壳素生产起源于沿海地区，20 世纪 80 年代从虾、蟹壳提取甲壳素生产兴起，大量海产品加工废物成为提取甲壳素的宝贵原料。甲壳素加工业的兴起既能给地方经济带来效益，又能消除固体废物有利于环保。伴随着甲壳素科技发展，壳聚糖、壳寡糖、氨糖等一系列甲壳素衍生物产品不断出现、应用领域不断扩大，国际市场需求旺盛，甲壳素企业形成了初具规模的新产业。但是，甲壳素生产在消纳固体废物变废为宝的同时，又产生了新的污染（酸碱废水、恶臭等）。由于产业发展的起点低（多数为土小企业），生产工艺与设备简陋，大量排污而无力治理，污染状况不断加剧，环保问题成为甲壳素行业发展的瓶颈。

为加强重点行业污染防治的技术支撑，国家设立了"环保公益性行业科研专项经费"。甲壳素/壳聚糖生产在国际上被视为极具发展潜力的产业，也是国家重点支持、加快发展的现代新兴产业，为促进甲壳素行业绿色发展，开展行业的污染防治与清洁生产评估被列入了（2013 年度）"专项"，由湖北省环境科学研究院、武汉大学、中南民族大学等单位联合组成课题组承担该项目。课题组启动项目，考察全国甲壳素产业聚集的地区：北至辽宁、山东，南到浙江、福建沿海地区以及内陆的湖北，筛选出十多个行业内的典型企业开展调研。课题组成员深入企业生产第一线，经过一年多时间，调查甲壳素各主要产品生产工艺和设备运行状况、测试企业能源/资源消耗、产排污状况、评估生产企业的三废末端处理状况与技术，以及清洁生产工艺在减排、降耗上取得的效果，本书的第 4 章集中报道了这些调研和评估工作的成果。甲壳素行业污染防治是一项综合性工程，关系到整个产业链以及国内外市场情况，本书收集了大量这方面的资料做了综述，重点分析了国内外甲壳素产业现状和发展趋势，以及"环保风暴"的倒逼机制对我国甲壳素行业整合、转型升级取得的初步成效。作者最后提出了行业绿色发展的政策建议。此外，为使读者对甲壳素有较全面的了解，本书在开端用不少篇幅深入浅出地介绍了甲壳素科学和应用的发展沿革，以及国内外科学家在这一领域所作的贡献，使读者了解"甲壳素化学"这一新学科研究从自然界各种原料提取甲壳素生产壳聚糖及种类繁多的衍生物，开辟了许多新的运用领域，展示了甲壳素科学发展的良好前景。

本书的编著完成，首先是课题组成员辛勤工作的成果，他们是湖北省环境科学研究院的丁峰、古琴、陈晓飞、凌海波、朱重宁、李苇苇、吴波等工程师，在此谨表示谢意。

特别感谢华山科技股份有限公司漆雕良仁董事长——湖北省甲壳素行业的领军人物，他和姚华总经理对甲壳素行业污染治理和清洁生产评估专项的开展给予了宝贵支持。

由于作者能力有限，所写内容未必能赶上甲壳素行业的发展和污染防治形势的要求，难免有谬误，还希望读者多提宝贵意见。

目　　录

第1章 甲壳素学科的形成与发展

1.1 甲壳素概述

"甲壳素"又称甲壳质,英文名称为 chitin,始于法文 chitine,是从希腊文 χιτον(即'覆盖物')衍变过来的,故中文也按译音称之为"几丁质"。甲壳素分子式为 $(C_8H_{13}NO_5)n$,化学名称为 β-(1,4)-2-乙酰氨基-2-脱氧-D-吡喃葡聚糖,由 N-乙酰氨基葡萄糖以 β-1,4 糖苷键缩合而成。甲壳素外观为类白色无定形物质,无臭、无味(见图1-1)。维基百科(Wikipedia)定义甲壳素为"一种 N-乙酰氨基葡萄糖长链聚合物,是构成真菌细胞壁的主要成分,也是节肢动物,如甲壳纲(虾、蟹等)和昆虫、头足类喙、鱼鳞的外壳的主要成分。"

自然界中的甲壳素因其分子链排列不同可分成三种:α-甲壳素、β-甲壳素、γ-甲壳素;在不同的生物中,如虾、蟹的壳是 α-甲壳素,从鱿鱼骨提取的是 β-甲壳素,甲虫茧中存在的是 γ-甲壳素。

甲壳素是地球上存在量仅次于纤维素的多聚糖,也是自然界唯一大量存在的碱性阳离子多聚糖。据估计,每年由海洋生物合成的甲壳素就有 10 亿 t 以上。对照纤维素的化学结构,甲壳素除羟基外还含有乙酰氨基和氨基功能基团(见图1-2)。

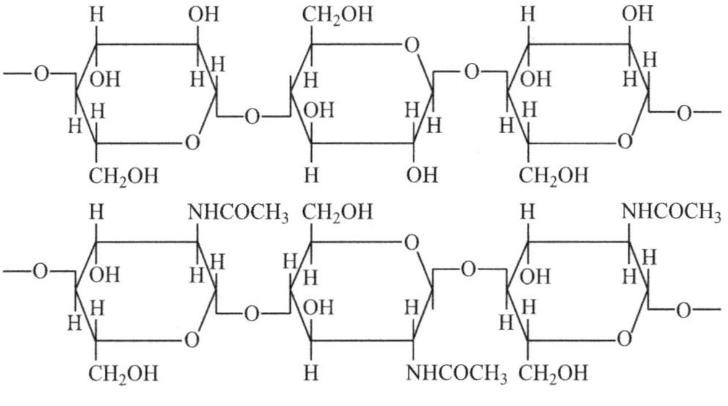

图1-1 甲壳素外观

图1-2 纤维素与甲壳素化学结构对照

甲壳素分子中，因其内外氢键的相互作用，形成了有序的大分子结构，其溶解性能很差（只能溶解于浓的盐酸、硫酸、磷酸等及某些有机体系中），这限制了它在许多方面的应用。而甲壳素经脱乙酰化处理的衍生物壳聚糖，由于其分子结构中大量游离氨基的存在，溶解性能得以改变，壳聚糖可溶于稀酸（pH<6.0），50%脱乙酰化产物可溶于水。

国外甲壳素市场，以甲壳素为基本原料大多用于生产氨基葡萄糖（氨糖）和壳聚糖。国内和国外情况类似，氨糖和壳聚糖是我国甲壳素行业的主要产品。此外，低分子量壳聚糖（壳寡糖）的生产因保健品市场需求旺盛也发展很快。

1.1.1 壳聚糖

壳聚糖化学名称为聚葡萄糖胺（1-4）-2-氨基-β-D-葡萄糖，英文名称为 Chitosan。壳聚糖是甲壳素最重要的衍生物，其分子结构中含有大量羟基、氨基及部分乙酰氨基等活性基团，具有良好的反应功能性与生理活性。

甲壳素与壳聚糖的化学结构式如图 1-3 所示。

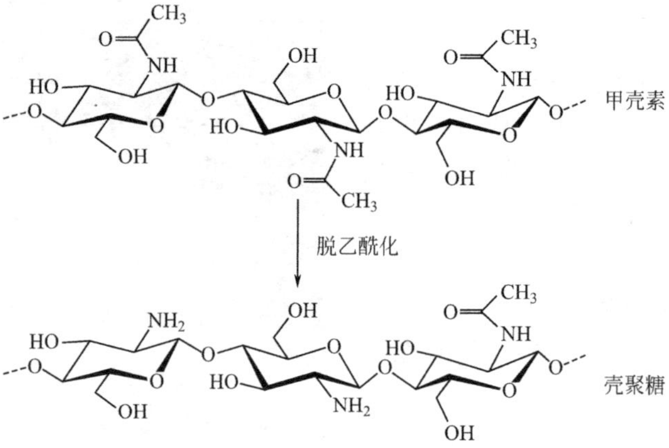

图 1-3　甲壳素与壳聚糖的化学结构式

壳聚糖又称为"脱乙酰甲壳素"（N-乙酰基脱去 55% 以上），实际应用的壳聚糖是甲壳素和壳聚糖的混合物。现有的技术脱乙酰化尚达不到 100%，商业用的壳聚糖含量（脱乙酰基 w/%）一般需要在 60%，而用于功能性食品材料的壳聚糖纯度需要达到 85% 以上。壳聚糖（仍属大分子）不溶于水，但可溶于稀酸。

1.1.2 氨基葡萄糖

氨基葡萄糖，别名有葡萄糖胺、葡糖胺、氨糖，简称氨糖；英文名称为 D-Glucosamine；分子式为 $C_6H_{13}NO_5$。氨基葡萄糖是葡萄糖的一个羟基被一个氨基取代的化合物（见图 1-4）。

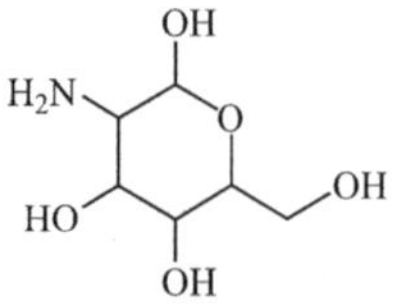

氨基葡萄糖分为两类：盐酸氨基葡萄糖、硫酸氨基葡萄糖。工业上，主要从海洋虾、蟹壳提取甲壳素后经（硫酸或盐酸）酸水解制取。

1）盐酸氨基葡萄糖，别名有氨基葡萄糖盐酸盐、盐酸葡萄糖胺、葡糖胺盐酸盐、葡萄糖氨盐酸盐；学名为 2-氨基-2-脱氧-葡萄糖盐酸盐

图 1-4　氨基葡萄糖结构式

糖；英文名称为 D-Glucosamine hydrochloride（GAH）；分子式为 $C_6H_{11}O_5HN_2 \cdot HCl$。

2）硫酸氨基葡萄糖，别名有 D-氨基葡萄糖硫酸盐、硫酸氨基葡萄糖、葡萄糖胺硫酸盐、氨基葡萄糖硫酸钾盐、氨基葡萄糖硫酸钠盐；英文名称为 D-Glucosamine sulfate；分子式为 $C_6H_{13}NO_5 \cdot H_2SO_4$。

氨基葡萄糖与壳聚糖不同，它是甲壳素水解的产物——甲壳素在浓盐酸中充分水解、纯化后生成盐酸氨基葡萄糖。性状：白色结晶，无气味，略有甜味，易溶于水，微溶于甲醇，不溶于乙醇等有机溶剂。

盐酸氨基葡萄糖、硫酸氨基葡萄糖在治疗和缓解骨关节炎、类风湿性关节炎方面，两者的功效基本相同。但国际上，硫酸氨糖逐渐成为主流，众多终端产品含有硫酸氨糖；我国目前的氨糖产品以氨糖盐酸盐为主。

1.1.3 低分子量壳聚糖

低分子量壳聚糖，别名有甲壳胺寡糖、甲壳胺低聚糖、低聚壳聚糖、壳寡糖、低聚糖、壳聚寡糖、寡糖；英文名称为 Chitosan oligosaccharide，Chito-oligosaccharide；学名为 β-1，4-寡糖-葡萄糖胺。

低分子量壳聚糖一般指分子量 $M_W \leqslant 3200Da$ 的壳聚糖，为不同聚合度寡糖的混合物，聚合度在 $2 \sim 20$ 之间；脱乙酰度 $DA \geqslant 85\%$。

理化性质：白色或黄色粉末，易吸潮，壳寡糖水溶性好，溶于 $pH \leqslant 12$ 的水溶液，容易被生物体吸收利用。壳寡糖是自然界中唯一带正电荷的阳离子碱性氨基低聚糖。壳寡糖制备可用酸水解法、氧化法或酶解法，将壳聚糖降解成带有氨基的小分子寡糖，其中酶解法是利用专一性或非专一性酶对甲壳素或壳聚糖进行降解的方法，制备的产物具备生物活性高且不对环境造成污染等优势。

低聚糖的保健作用：改善人体内微生态环境，有利于双歧杆菌和其他有益菌的增殖，低聚糖作为一种食物配料可用于乳制品、乳酸菌饮料、双歧杆菌酸奶、谷物食品和保健食品中，被视为一种新型功能性糖源。

1.2 甲壳素的自然资源

甲壳素和纤维素一样，来源于地球生物圈，广泛分布而且可再生。自然界中甲壳纲动物中甲壳质含量最高，昆虫纲动物中甲壳质含量次之，如蝶、蚊、蝇、蚕等蛹壳，其他含甲壳质的动物包括软体动物（如石鳖）和腔肠动物（如海月水母、海蜇）；含甲壳素的菌类有真菌、藻菌（藻类细胞壁）等，在毛霉菌属菌丝体中含有丰富的甲壳素和壳聚糖；其他如动物的关节、蹄、足的坚硬部分，以及动物肌肉与骨接合处，均有甲壳素存在。全球甲壳素资源仅次于纤维素，可获取的资源量估计每年在 100 亿 t 以上，而且这些资源是可补充、可再生的。

甲壳素在各种自然资源物种中的含量如下：

1）节肢动物：主要是甲壳纲，如虾、蟹等，其中虾壳中甲壳素的含量为 $20\% \sim 25\%$、蟹壳中甲壳素的含量为 $15\% \sim 20\%$。

2）软体动物：主要包括双神经纲（如石鳖）、腹足纲（如鲍、蜗牛）、掘足纲（如角贝）、瓣鳃纲（如蚶、牡蛎）、头足纲（如乌贼、鱿鱼）等，甲壳素含量达 3%～26%。

3）环节动物：包括原环虫纲（如角窝虫）、毛虫纲（如沙蚕、蚯蚓）和栉纲（如蚂蟥）等，有的含甲壳素极少，而有的则高达 20%～38%。

4）原生动物：简称原虫，是单细胞动物，包括鞭毛虫纲（如锥体虫）、肉足虫纲（如变形虫）、孢子虫纲（如疟原虫）、纤毛虫纲（如草履虫）等，含甲壳素较少。

5）腔肠动物：包括水螅虫纲（如水螅、简螅等）、钵水母纲（如海月水母、海蜇、霞水母等）和珊瑚虫纲等，一般含甲壳素很少，但有的也能达 3%～30%。

6）海藻：两种硅藻类，如小环藻属（*Cyclotella cryptica*）和海链藻属（*Thalassiosira ftuviatilis*），其甲壳素不与蛋白质结合，因而甲壳素纯，但此类藻来源少。

7）真菌：包括子囊菌、担子菌、藻菌（*Phicomycetes*）等，甲壳素含量从微量到 45% 不等；而几种主要的真菌如裂殖真菌（*Schizomycetes*）、黏菌（*Myxomycetes*）及毛菌（*Trichomycetes*）等却并不含甲壳素。

甲壳素在自然界尽管分布广，但量大而且易得可用于工业生产的原材料并不多。全球潜在可获的甲壳素估计有 15 万 t/年，其中从磷虾获资源最多（5.6 万 t），其次为甲壳类（3.9 万 t），包括蟹、基围虾、龙虾、对虾，然后就是真菌类、贝壳类与头足类（鱿鱼）等。据文献报道，水产品加工废物（废虾、蟹壳等）的实际量估计有 100 万 t/年，其中甲壳素含量约为 10%～30%（干），可见至少能产 10 万 t 甲壳素，而实际加工成甲壳素少得多。以 2000 年为例，全球行业对甲壳素的产量约为 10000t，大部分用来水解制葡糖胺；壳聚糖的年需求量在 2000t 左右，可见大量资源被当垃圾处置，浪费了。

我国沿海地区（浙江、江苏、山东等省）多年来一直就有利用海产品资源加工甲壳素的企业，并已形成产业。值得注意的是，近年内地水产业大省（湖北、江苏等省）淡水小龙虾产业大发展，2016 年我国小龙虾总产量近 90 万 t。目前在湖北废弃小龙虾壳得到利用，成功加工提取出甲壳素，实现了工业化生产，达到了变废为宝的目的。

1.3 甲壳素学科发展概述

1.3.1 甲壳素学科发展沿革：综述

甲壳素最早（1811 年）被法国植物学家 Henri Braconnot 在蘑菇中发现，他用温热的稀碱溶液反复处理蘑菇，最后得到纤维状的白色残渣，当时被认为是一种纤维素，故称为 fungine（真菌纤维素）。1823 年，一位法国科学家 A. Odier 从甲壳类昆虫的翅鞘中分离出同样的物质，认为这种物质是一种新型的纤维素，将它命名为 chitine；1843 年，法国人 J. L. Lassaigne 发现 chitine 中含有氮元素，从而证明了 chitine 不是纤维素，而是一种新的具有纤维性质的化合物。1894 年，E. Gilson 进一步证明了 chitine 中含有氨基葡萄糖。

从 1811 年发现甲壳素到研究清楚其结构、进入研发应用阶段，用了近 100 年的时间。20 世纪 60—70 年代起，欧美、日本等国家，特别是海洋渔业发达的国家对甲壳素研究、开发利用骤然兴起，甲壳素/壳聚糖成为高分子化学领域的研究热点，成为一门学科。甲壳素/壳聚糖及其衍生物的科研活动十分活跃，在生物、化学、食品科学、生物医学等学科的刊物上都有海量关于甲壳素/壳聚糖的科研论文发表，国际上有甲壳素专业刊物——

Journal of Chitin and Chitosan Science（见图1-5）；科研成果应用于各行业，特别是在农业、生物技术、医药科学领域，有大量的专利产生。甲壳素学科的繁荣与进步还反映在国际学术活动的活跃，亚太地区、欧洲、北美（美国、加拿大）、拉美都成立了甲壳素（学）协会；有关甲壳素的各类国际学术会议活动频繁。1977年，首届"甲壳素和壳聚糖国际会议（ICCC）"在美国波士顿召开，第二届在日本札幌召开，以后每三年召开一次，到2018年在日本大阪召开的ICCC会议已是第14届了。

图1-5　甲壳素专业学刊-*American Scientific Publishers*

我国对甲壳素的研发过程大致经历了三个阶段：第一个阶段为20世纪50年代至70年代初。1952年国内部分沿海城市开始了甲壳素试验，1954年《化学世界》杂志发表了国内第一篇有关甲壳素的研究报告，1958年有甲壳素及其应用的著作——《甲壳质的利用》出版，但甲壳素基础研究（尤其是甲壳素的结构及其物理化学性质研究）还处于初步阶段，并未取得实质性的进展。第二个阶段为20世纪70年代以后，甲壳素研究与应用才受到重视并迅速发展，这段时期相关学科的科技人员在国内学术刊物上陆续发表了关于甲壳素衍生反应及其应用的论文，甲壳素的研究和应用科研项目得到国家重视。第三个阶段为20世纪90年代至今，甲壳素研究与应用进入全盛时期，国内许多大学和科研单位投入到甲壳素及其衍生物的研究中，有力地推动了我国甲壳素行业的发展，生产甲壳素/壳聚糖及其衍生制品的企业也大量出现，产品出口到欧美等国家。甲壳素/壳聚糖的研究已进入自主开发阶段。

随着甲壳素研究开发和企业生产蓬勃发展，甲壳素/壳聚糖行业发展的问题也逐渐显现出来。一是目前甲壳素/壳聚糖行业产品的附加值不高，主要集中在原料生产方面，产品同质化竞争严重；二是甲壳素/壳聚糖生产过程污染严重，行业发展不可持续；三是如何工业化生产高纯度的甲壳素/壳聚糖，技术上还有待突破。随着高分子科学以及化学、物理、材料学、环境工程学、生物学和医学等交叉学科的发展，可以预期甲壳素/壳聚糖行业的问题会逐步得到解决，并将会得到更快速的发展。

甲壳素/壳聚糖研发进展和学术活动的国内外重要事件归纳于表 1-1。

甲壳素/壳聚糖研发活动重要事件 表 1-1

年　代	重要事件
1811 年	甲壳素最早被法国植物学家 Henri Braconnot 在蘑菇中发现，当时被认为是一种纤维素，命名 fungine(真菌纤维素)
1823 年	法国科学家 A. Odier 从甲壳类昆虫的翅鞘中分离出同样的物质，未发现其中有氮元素，认为这种物质是一种新型的纤维素，将它命名为 chitine(法文"甲壳素"，英文为"chitin")
1843 年	法国化学家 J. L. Lassaigne 发现甲壳素中含有氮元素，证明它并非纤维素，而是一种新的具有纤维性质的化合物
1859 年	法国科学家 C. Rouget 将甲壳素于氢氧化钾溶液中加热后(即已酰基)，所得产物(即壳聚糖)可溶于稀有机酸
1876 年	德国药剂学家 G. Ledderhose 首次从甲壳素的水解产物中分离出氨基葡萄糖；将从龙虾壳提取的甲壳素在浓盐酸中加热水解得到结晶体——氨基葡萄糖酸盐
1894 年	法国生物学家 E. Gilson 报道真菌里有甲壳素；进一步证明了 chitin 中含有氨基葡萄糖，后来的研究证明组成 chitin 的单体是 N-乙酰氨基葡萄糖
1894 年	德国化学家 F. Hoppe-Seiler 把脱乙酰基的 chitin 称为 chitosan
1929 年	瑞士科学家 Albert Hofmann 确定了甲壳素的化学结构
1939 年	诺贝尔化学奖得主 Walter Haworth 确定了氨基葡萄糖的立体结构
1954 年	我国《化学世界》杂志发表了国内第一篇有关甲壳素的研究报告
1958 年	我国最早论述甲壳素及其应用的著作——《甲壳质的利用》出版，著作者：包光迪，科技卫生出版社，1958
1974 年	欧洲甲壳素研究的先驱——意大利人 R. A. A. Muzzarelli 出版专著：Natural chelating polymers；alginic acid，chitin，and chitosan，Pergamon Press，Oxford，1974
1977 年	由 R. A. A. Muzzarelli 发起"甲壳素和壳聚糖国际会议(ICCC)"，第一届会议在美国波士顿召开。R. A. A. Muzzarelli 出版甲壳素专著：Chitin，Pergamon Press，Oxford，1977
1980 年	日本吴羽化学公司获甲壳素基料纤维专利；三菱人造丝公司试制壳聚糖纤维
1982 年	第二届 ICCC 在日本札幌召开，以后每三年召开一次
1982 年	日本农林水产省制定甲壳质·壳聚糖的十年(1982—1992)研究开发计划
1985 年	日本鸟取大学等全国 13 所大学进行甲壳质改善及增进人体健康的基础研究和相关产品开发运用研究
1986 年	哈尔滨纺织研究所等首次将甲壳素提取液用于纺织品无甲醛整理剂(后整理助剂)替代进口产品阿克拉明胶
1988 年	日本 UNTIKA 公司以甲壳质为成分，开发了世界上最早的人工皮肤(Beschitin-W)
1991 年	日本甲壳素/壳聚糖协会成立，召开第一次学术研讨会，其后每年召开一次

年 代	重要事件
1991 年	日本三荣株式会社获准生产食品级壳聚糖,并成为日本厚生省准许宣传疗效的机能性保健食品,其销售量占日本保健食品的首位
1991 年	中国纺织大学(现为东华大学)研制出甲壳素医用缝合线、甲壳胺医用敷料(人造皮肤)。以后又研发出甲壳素系列混纺纱线与织物并制成保健内衣等
1994 年	第一届"亚太地区甲壳素/壳聚糖研讨会(APCCS)"在马来西亚召开,以后每两年召开一次
1995 年	"欧洲甲壳素协会(EUCHIS)"成立,在法国召开第一届国际学术会议
1996 年	中国化学会应用化学学科委员会第一届"甲壳素化学与应用研讨会"在大连召开。甲壳素/壳聚糖的有关课题被列入国家科委"九五"攻关计划。 中国保健科技学会与甲壳质研究会(筹委会)主办的"96 北京首届甲壳质国际研讨会"在北京举行
1997 年	中国海洋湖沼学会、中国药学会主办的"中国甲壳资源研究开发应用学术研讨会"在青岛召开
1998 年	"青岛市甲壳质研究会"正式注册成立,挂靠中科院海洋所,担任国家 863 计划有关甲壳质研究项目的负责人并成功开发出应用于农业的"农乐一号"新技术和新产品
1998 年	东华大学建立了再生甲壳素纤维生产线(年产 5t)
1999 年	中国化学会应用化学学科委员会第二届"甲壳素化学与应用研讨会"在武汉(武汉大学)召开
1999 年	韩国甲壳素公司建成壳聚糖纤维(日产 150kg)生产线
2000 年	韩国在山东潍坊设立了甲壳素纤维生产基地——潍坊盈德甲壳素有限公司(产品名称:YOUNG-CHI-TO 100),首次商业化生产纯甲壳素纤维
2004 年	大连召开"甲壳素研究开发暨医疗保健应用学术研讨会"
2006 年	"中国资源综合利用协会甲壳质专业委员会成立大会暨第一届会员代表大会"在青岛召开
2010 年	由中国化学会应用化学学科委员会甲壳素专业委员会主办,中国第二届"国际及海峡两岸甲壳素研讨会暨第七届甲壳素科学技术会议"在湖北省小龙虾产业基地的潜江市召开。欧洲甲壳素学会会长 Sevda Senel 应邀参会。大会议题为:甲壳素改性与应用、生物材料与功能、壳低聚糖与相关酶和生物活性等,主旨是甲壳素相关科技交流、研讨及产学研对接,促进科研成果转化,促进小龙虾产业健康发展
2013 年	山东海斯摩尔生物科技有限公司建成年产 2000t 纯壳聚糖纤维生产线;"千吨级纯壳聚糖纤维产业化及应用关键技术"项目由中国纺织工业联合会授予"纺织之光"科技成果奖
2017 年	中国第四届"国际及海峡两岸甲壳素研讨会暨第八届甲壳素科学技术会议"在青岛召开。欧洲甲壳素学会会长 Sevda Senel、日本甲壳素学会会长、台湾甲壳素学会会长等十几个国家及海峡两岸的 300 多名专家学者参会,交流研讨甲壳素领域的前沿问题,共同推进国际及海峡两岸甲壳素科技的研究与发展

1.3.2 甲壳素研究的新学科:甲壳素化学

1. 甲壳素化学基本构造

目前对甲壳素和壳聚糖的研究主要集中在对其化学和物理改性、功能材料的结构与性能、甲壳素新衍生物的合成等方面。不同分子量的氨基葡萄糖及其衍生物是研究重点。随着对甲壳素结构及其衍生物研究的不断深入,形成了"甲壳素化学"这一新的边缘学科,高分子科学的发展和现代仪器分析技术的进步,使得甲壳素化学中的若干科学问题逐步得到解决。甲壳素化学的基本构造可表述为甲壳素与生成的六种物质相互关联、转化(见图

1-6），这六种物质经过化学修饰和处理可生成各种各样的衍生物，以适合不同用途的需求。甲壳素化学着重研究这些物质的制备、分离、结构、性质、降解方式与反应功能及其应用，有望形成甲壳素化学具有活力的产业。

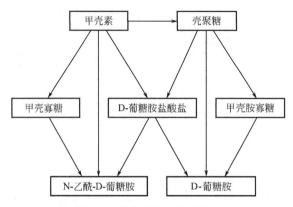

图 1-6　甲壳素化学基本构造

甲壳素化学主要研究各种衍生物，涉及主链降解、羧化、酰化、羟基化、烷基化、酯化、季铵盐和接枝共聚以及有机-无机复合等方面的研究。壳聚糖的基本单元是带有氨基的葡萄糖，分子间同时含有氨基、羟基、乙酰氨基、氧桥等。通过引入各种功能基改善甲壳素/壳聚糖的物化性质，使其具备多种多样的功能，逐步应用于广泛领域。

国内外对甲壳素/壳聚糖的化学改性开展了大量研究，为特定的用途制备了多种衍生物。壳聚糖通过化学改性与酶改性，促使其物理性质、化学性质发生巨大改变，生成各种衍生物。壳聚糖可称为甲壳素的一级衍生物，壳聚糖使甲壳素的应用范围大大扩展。因此，对甲壳素/壳聚糖的化学改性是甲壳素化学研究中最活跃的领域之一。

2. 甲壳素/壳聚糖的化学改性

1）酰化改性：化学改性中，酰化改性是研究得较多的，通过导入不同分子量的脂肪族或芳香族酰基，使甲壳素或壳聚糖酰化，提高产品的脂溶性。酰化可在羟基或/和氨基上进行。双-乙酰化甲壳素、N-乙酰化甲壳素、甲酰化和乙酰化物的混合物等，已在医疗领域有很多应用，如制成可吸收性手术缝合线、医用无纺布。

2）烷基化改性：将烷基引入脱乙酰甲壳素（壳聚糖）的 N-或 OH-部分可得到烷基化衍生物；如取代烷（芳）基上带有羟基，可合成为羟烷（芳）化衍生物。烷基化产物都具有良好的水溶性，壳聚糖中引进烷基后削弱了其分子间的氢键作用，使衍生后的产物易溶于水。这一类衍生物还具有较强的与金属螯合的特点，并能溶于水，在医学和水净化领域的应用研究较多。

3）羧基化改性：引入羧基后可得到完全水溶性高分子，还有具阴离子的两性壳聚糖衍生物，在药物载体方面多有应用。羧甲基壳聚糖（carboxymethyl chitosan）通常称为"水溶性壳聚糖"。

4）羟基化改性：羟基甲壳素/壳聚糖衍生物的合成在碱性介质里进行。衍生物有很好的水溶性和生物相容性。

5）酯化改性：包括硫酸酯化、磷酸酯化。用无机酸作为酯化剂，使甲壳素或壳聚糖的羟基形成有机脂类衍生物。硫酸酯化甲壳素和壳聚糖的结构跟肝素相似，其抗凝血性高且无副作用；还可以制成人造透析膜。

6）接枝共聚反应：甲壳素/壳聚糖的分子链上存在大量的反应性官能团，易于通过自由基接枝共聚改性赋予其某些新的功能，如壳聚糖和丙烯酰胺在水中由过硫酸铵引发，可得到一种三维交联物（体积高度膨胀，体积增加 20～150 倍）。聚丙胺酸接枝到壳聚糖上可制成导电聚合物。

7）交联反应：壳聚糖与交联剂（戊二醛、甲醛等）的交联改性。

8）其他反应：水解、降解、成盐、螯合反应等。

9）无机复合化：壳聚糖与 CaO 的合成物是生物柴油生产（大豆油和甲醇进行酯交换反应过程）良好的催化剂。壳聚糖与 ZnO 的合成物（用冷冻干燥法）可制成壳聚糖海绵（见图 1-7），其膨胀性佳，有抗菌、止血功能，是创伤修复的好材料。

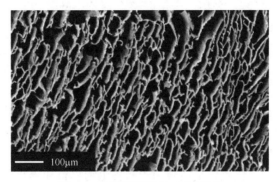

图 1-7　壳聚糖海绵的 SEM 图像

1.3.3　基于甲壳素材料的研究新进展

近年来，基于甲壳素（chitin-based）的功能性材料受到广泛重视，研究向着绿色、健康、环保方向发展。并与纳米技术、生物技术、分析技术紧密结合。甲壳素/壳聚糖可用来制备薄膜、微球、凝胶、纳米粒子、纤维、共混材料和液晶材料等。

1. 甲壳素/壳聚糖薄膜

1）交联壳聚糖薄膜：以三聚磷酸钠作为交联剂制备交联壳聚糖薄膜，通过压制得到的交联壳聚糖水凝胶骨架片能有效地抵御胃酸的侵蚀，明显降低 5-ASA 在胃液中前期的释放率，显示出了其对活性物质递送的能力，在功能食品及药物传输领域都具有广阔的应用前景。

2）高强度再生甲壳素膜：用冻融法在低温（−30℃）下将甲壳素溶于 NaOH 和尿素水溶液，然后用乙醇或二甲基乙酰胺水溶液作为凝固剂，制得高强度的再生甲壳素膜。其特点是结构均匀、透射率较高（在 800nm 处为 87%）、适度的热稳定性以及良好的拉伸强度（高达 111MPa），此外还具有良好的气体阻隔性能（氧阻隔当量为 0.003），具有很好的应用前景。

3）壳聚糖/纳米 Ag/ZnO 复合膜：采用"溶胶成膜-转换法"制成，产物用 XRD、UV-vis、SEM 和电子能谱仪等表征；复合膜的性能测试包括抑菌（枯草芽孢杆菌、大肠杆菌及金黄葡萄球菌）性能与膜机械性能。研究表明，复合膜在壳聚糖掺杂了 Ag 和 ZnO后大大提高了壳聚糖的抑菌性，具有广泛的潜在用途，如用于医疗和食品包装等方面。

2. 甲壳素/壳聚糖微球

1) 甲壳素纳米纤维微球。制备方法：①甲壳素用冷冻/解冻循环冻融法，溶于 NaOH 和尿素水溶液后制备出甲壳溶液；②再通过乳液法制成甲壳素微球；③通过热致凝胶法，引发刚性甲壳素大分子链平行自组装形成甲壳素纳米纤维，进而编织成由内而外结构均一的甲壳素纳米纤维微球。这种微球对肝细胞有良好的黏附性和增殖功能，可用作细胞微载体。

2) 粗毛豚草素（Hispidulin）壳聚糖微球。以壳聚糖为药物载体，采用乳化-交联法制备，可用于肿瘤治疗，不仅能有效抑制 A549 细胞肿瘤球的生长、增强诱导细胞的凋亡能力，而且对肿瘤球的生长也具有明显的抑制作用，并可大幅度减少给药剂量。

3. 甲壳素/壳聚糖凝胶

1) 自愈合壳聚糖水凝胶：采用二苯甲醛螯合聚乙二醇（PEG）后，使其醛基和壳聚糖中的氨基形成 Schiff 碱，进而形成水凝胶。研究表明，这种水凝胶是可以自愈合的，并对 pH 值、氨基酸和维生素 B_6 衍生物等敏感，这种动态的自愈合壳聚糖水凝胶具有潜在的生物医学应用价值。

2) 壳聚糖气凝胶：壳聚糖气凝胶通过超临界 CO_2 处理后可以增大气凝胶的比表面积，得到的材料多孔、比表面积大，还具有生物相容性、无毒性和抗菌性等重要性质。这些优点使得壳聚糖气凝胶可以应用于生物医学领域。采用 NaOH 和尿素溶液作为溶剂，乙醇作为促凝剂制备的甲壳素纳米多孔气凝胶，具有密度小、比表面积大、热稳定性高、力学强度好和生物相容性等优点，很适合用于制备生物材料和隔热隔声材料，还能用作催化剂载体等。

4. 甲壳素/壳聚糖纳米粒子

采用先进技术制备的壳聚糖纳米粒子具有生物相容性好、可降解、安全无毒抗菌、抗病毒以及黏膜免疫佐剂（immunoadjuvant）等特点，在医药学（属"纳米医疗"）方面的应用包括口、鼻、肺、眼部的非创伤（non-invasive）给药以及疫苗佐剂与基因治疗。

壳聚糖纳米粒子使口服胰岛素成为可行的治疗方法：采用颗粒状载体包封蛋白药物可避免酶的催化降解，然后控制药物的释放和提高小肠内的吸收。研究方法：将胰岛素包裹在壳聚糖和 γ-谷氨酸纳米粒子内得到壳聚糖 pH 响应（pH-Responsive）的纳米粒子，它具有生物黏附性和打开上皮细胞紧密连接的能力，由于纳米粒子对 pH 值的敏感性，pH 值变化时其容易变得不稳定，最终破裂而释放出装载的胰岛素。这种方法明显优于传统的胰岛素皮下注射。

5. 甲壳素/壳聚糖纤维

甲壳素/壳聚糖纤维既具有天然高分子的生物活性，又具有纤维的诸多特性。甲壳素纤维已被列入国家推动纺织产业结构调整和优化升级的"鼓励类"目录〔见《产业结构调整指导目录（2011 年本）》，第一类（鼓励类）二大纺织（3）〕。

甲壳素/壳聚糖及其衍生物溶液具有良好的可纺性，主要采用溶液纺丝法和静电纺丝法（Electro-spinning）制备成纤维。图 1-8 为潍坊盈珂海洋生物材料有限公司生产的高纯度甲壳素纤维。

1) 甲壳素再生纤维：采用氢氧化钠/尿素溶剂体系低温溶解甲壳素并由甲壳素溶液直

接制备出再生纤维。由此制备的甲壳素无纺布用于伤口敷料的动物试验，显示出良好的伤口愈合效果。

2）羧甲基甲壳素/聚乙烯醇纳米复合纤维：采用纯水作为溶剂将羧甲基甲壳素和聚乙烯醇共混，通过静电纺丝法制备出纳米复合纤维，并进行人体间质干细胞培养，效果良好。

3）壳聚糖/聚己内酯（PCL）纳米复合纤维：用静电纺丝技术制备出纳米复合纤维（见图1-9），并对 MC 3T3-E1 细胞进行培养，结

图1-8　医用纯甲壳素纤维

果表明含有壳聚糖的纳米复合纤维比聚己内酯纤维效果明显增强，对骨细胞生长有促进作用。

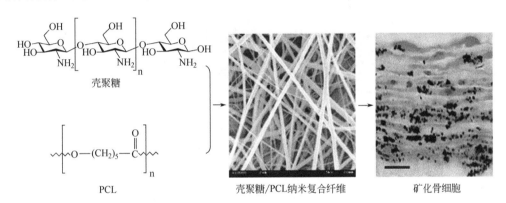

图1-9　壳聚糖/聚己内酯（PCL）纳米复合纤维的形成

6. 甲壳素/壳聚糖基共混复合材料

甲壳质与某些动物蛋白质构成了甲壳类动物的坚硬角质层，哈佛大学 Wyss 仿生学研究所的研究人员制备出了壳聚糖-丝蛋白层状板仿生材料：用化学方法将从虾壳提取的壳聚糖制成厚度仅约 $12\mu m$ 的薄膜，再用从蚕丝提取的溶于水中的蚕丝蛋白质（用蒸发法）沉积在壳聚糖薄膜上，蚕丝蛋白用甲醛处理，最后生成 β-折叠（β-sheet）的层状材料，被称为虾壳丝（shrilk），见图1-10。这种壳聚糖-丝蛋白层状板仿生材料具有铝合金的强度和韧性，其密度可达铝合金的一半，该材料的化学组成和结构非常类似于天然鳞片层状结构，其拉伸强度是相同质量比的壳聚糖与蚕丝力学强度的十倍。壳聚糖和丝蛋白均具有良好的生物相容性，该材料可用于其他材料或交联剂，在医疗方面如伤口敷料和支架等领域有很好的利用价值。

7. 甲壳素/壳聚糖液晶材料

壳聚糖纳米液晶薄膜：结合湿磨法和高压匀浆法除去壳聚糖粒子的纤颤制成了纳米纤维（平均直径 50nm，长度 $1\mu m$），并在相对较低的温度下，通过自组织（self-organization）在纳米纤维形成的胶体液中生成高强度液晶薄膜。这种分散的壳聚糖纳米纤维具有整齐的分层和无孔结构。经材料应力和应变测定，这种透明的液晶薄膜的抗拉强度可以达到 (100.5 ± 4.0) MPa，杨氏模量为 (2.2 ± 0.2) GPa。

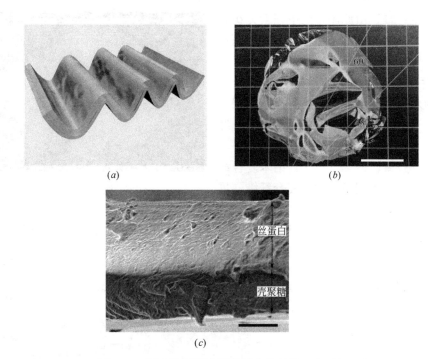

(a)

(b)

丝蛋白

壳聚糖

(c)

图 1-10 壳聚糖-丝蛋白层状板仿生材料（shrilk）

（a）β-折叠（β-sheet）的层状材料结构；（b）shrilk 材料的高透光度；

（c）材料断面的 SEM 图像——上层是丝蛋白，下层是壳聚糖

第 2 章 甲壳素/壳聚糖的提取和应用

2.1 甲壳素/壳聚糖的提取

工业提取甲壳素原料目前主要取自甲壳纲动物，如蟹、虾（对虾、龙虾、磷虾等）的壳，提取方法主要采用化学法，并可结合物理法和生物法。如前所述，甲壳素提取以水产品（国外主要为海产品）加工的下脚料（虾、蟹壳废料）为原料。虾、蟹壳中，甲壳素与蛋白质以及无机盐（碳酸钙为主成分，镁盐少量）形成基质，在虾、蟹壳原料中还有少量的脂类等杂质。甲壳素在甲壳类壳中的含量随物种不同而变化，在13%～42%范围内（干基）。甲壳素在壳内与蛋白质（30%～40%）、无机盐（30%～50%）及其他杂质结合紧密，要取得一定（符合使用要求）纯度的甲壳素，需要去除蛋白质（deproteinization，DP）和脱无机盐（demineralization，DM）及其他杂质。

2.1.1 甲壳素的提取

1. 提取方法与质量要求

甲壳素是甲壳素行业的起始原料。目前国内甲壳素的工业生产，酸和碱处理的化学法仍是成熟的常规工艺（见图2-1），通常以量大易得的虾、蟹壳为原料。国外化学法生产在酸、碱处理的顺序上有所变换，即采用碱脱蛋白质在前、脱无机盐处理在后的工艺，具体视原料来源及甲壳素产品的要求而定。此外，化学处理可辅以物理法，如粉碎、超声、微波处理等手段，起到破坏甲壳素与蛋白质和无机物之间结合的作用。确保原料中无机盐和蛋白质去除率是甲壳素提取工艺的基本要求，产品质量还要求保持高的分子量（聚合度）和脱乙酰度（DA）。

图 2-1 虾、蟹壳中甲壳素的提取工艺

关于产品质量标准，2004年由农业部的渔业渔政部门负责，参照国外相关标准出台了行业标准《甲壳质与壳聚糖》SC/T 3403—2004，2018年又修订为《甲壳素、壳聚糖》SC/T 3403—2018，提出了产品的规格、要求、试验方法与检验规则等项标准。甲壳素、壳聚糖产品分为"工业级""食品级"两个等级，食品级的质量指标显然高于工业级。对甲壳素、壳聚糖分别列出了"感官要求""理化指标"（包括水分、灰分、pH值）；对食品级的甲壳素及壳聚糖提出了"安全指标"（含无机砷、铅）。跟原标准（SC/T 3403—2004）对照，修改后的《甲壳素、壳聚糖》SC/T 3403—2018 在安全指标上更加严格：铅从≤10mg/kg提高到≤2.0mg/kg。国际市场除工业级、食品级外还有更高的"医用级"，甲壳素/壳聚糖用于生物医药（科研和生产）时，产品要求高纯度，原料来自墨鱼干或真菌、藻类为最佳。

工业化规模生产要求经济-效益因素佳、化学反应速度快、过程易于控制。要得到纯度高的甲壳素（用于生物医药），又要尽量保持分子量和脱乙酰度以减少其品质下降，因此优化生产工艺十分必要。

2. 优化反应条件

化学法提取的反应条件优化研究国内外多有报道，本节介绍法国国家科学研究中心高分子材料与生物材料实验室的 A. Percot 等人的实验结果，概述如下：

甲壳素原料取印度洋褐虾，先经冷冻 2~3d，剥取虾壳（甲壳素含量约在 20%），除尽虾疏松结缔组织，用蒸馏水洗净，冷冻干燥，（液氮冷冻条件下）粉碎。实验得到甲壳素的提取工艺条件如下：

1）脱无机盐的条件：去除无机物，可采用的酸有 HCl、HNO_3、H_2SO_4、CH_3COOH，但以盐酸为优选，反应条件包括酸的浓度、反应温度及反应时间。实验确定的盐酸浓度为 0.25M，在室温下反应 15min，反应条件的控制靠测试系统上清液 pH 值实现。

2）脱蛋白质的条件：采用 NaOH，浓度 1M；升温以提高反应速率，反应温度高有利于脱蛋白质，加热温度可到 70℃（上限，过高影响 DA 值），反应时间在 6h。反应过程中用紫外吸收光谱法测定上清液在 280nm 处的吸光度，控制脱蛋白质的反应时间。

脱无机盐用浓度为 0.25M 的稀酸，因为浓酸会使糖苷键水解引起脱乙酰（deacetylation）而影响产品的质量（乙酰度），而且反应时间应较短，过长会影响甲壳素质量。脱蛋白质的反应时间要长些，NaOH 浓度过高、反应温度过高都会影响甲壳素质量。实验表明，温度控制至 70℃以下、反应时间在 24h 之内，产品的 DA 和分子量不受影响。

所制成的甲壳素残留钙含量在 0.01%以下，蛋白质含量低于 2%，DA 可达 95%，分子量未受影响，甲壳素质量达到生物级（biological-grade）水平。用虾壳制成的甲壳素残存颜色（浅粉色），须用双氧水或高锰酸钾进行漂白处理。而以鱿鱼骨（squid pen）为原料提取的甲壳素产品为纯白色，无须漂白。

3. 生产原料的影响分析

（水产品）物种不同其外壳中的无机盐（Ca、Mg 盐等）含量也不同，例如 Ca 在龙虾壳中的含量为 30.54%，在鱿鱼骨中的含量仅为 1.06%，而且同一物种在不同的生长期其外壳的钙化情况也有变化。物种不同虾壳的蛋白质含量也不同，如北极虾壳（pandalus borealis）蛋白质含量为 41.9%，墨西哥湾产的蓝蟹壳（collinnectes sapidus）蛋白质含量为 25.1%。从鱿鱼骨提取的甲壳素为 β-甲壳素，它有 α-甲壳素（从虾、蟹壳提取）所没有的特性——对有机溶剂和水都有亲和性，吸湿性强，是良好的亲水材料。

在甲壳素的工业生产中，企业通常以水产品加工的下脚料（骨、壳等）为原料，原料的来源及其状态的改变会使产品的质量不均匀，优化生产工艺（反应条件）要根据所用原料情况进行调整。生产工艺的调整主要是优化脱无机盐、脱蛋白质的反应条件，一般而言，脱无机盐在反应时间上调整，脱蛋白质对反应温度、碱浓度进行控制。原料来源的变化会给产品质量控制带来困难。

关于食品级甲壳素的安全指标，其中重金属（铅）、砷等有毒元素主要来源于原料。

海洋环境的污染影响海产品质量，故生产高质量（食用、医用）甲壳素/壳聚糖，国内外企业所用原料多取自于水质好的远洋深海生长的虾、蟹。

2.1.2 壳聚糖的提取

1. 提取方法与质量要求

壳聚糖是甲壳素脱乙酰（deacetylation）的衍生物。以甲壳素为原料提取，国内外普遍采用的热化学（thermochemical）碱液脱乙酰法仍是较成熟的工艺。壳聚糖的物化性能要求脱乙酰度、聚合度（即分子量、黏度）两项指标要高。壳聚糖的用途十分广泛，而质量决定其最终用途，如食用、医药业的壳聚糖质量尤其要高。提取工艺的碱浓度、反应温度和反应时间是须严格控制的三项因素，加温可提高反应速率，但温度过高会影响产品的分子量。实际生产中，碱液脱乙酰的反应条件需要根据原料来源的不同（如水产品的不同物种）进行调整，否则会影响上述质量指标。

我国有关壳聚糖产品的质量标准，除前述的《甲壳素、壳聚糖》SC/T 3403—2018外，2013 年由国家卫生和计划生育委员会负责制定作为食品添加剂的《食品安全国家标准 食品添加剂 脱乙酰甲壳素（壳聚糖）》GB 29941—2013 出台。国际市场上，随着壳聚糖在医疗-保健业的广泛应用，有等级更高的医用级壳聚糖系列产品出现，国内现已有部分企业生产，所提供的质量指标与上述食品级对照，安全卫生指标要求更高，如规定：砷（As）≤0.5mg/kg［我国上述标准规定食品级的无机砷（As）≤1.0mg/kg］。但我国目前有关国家标准或部委的标准尚未包括医用级的甲壳素与壳聚糖。

《食品安全国家标准 食品添加剂 脱乙酰甲壳素（壳聚糖）》GB 29941—2013 中规定了两项主要参数——脱乙酰基度（$w/\% \geqslant 85$）与黏度；《甲壳素、壳聚糖》SC/T 3403—2018 将壳聚糖的规格按脱乙酰度和黏度分为低至超高四个等级：脱乙酰度（%）<75.0 为低脱乙酰度，75.0～90.0 为中脱乙酰度，90.1～95.0 为高脱乙酰度，>95.0 为超高脱乙酰度；黏度（mPa·s）<50 为低黏度，50～500 为中黏度，501～1000 为高黏度，>1000 为超高黏度。

2. 优化反应条件

壳聚糖的商业生产通常是以从虾、蟹壳中提取的 α-甲壳素为原料。据国内外研究资料归纳，脱乙酰工艺的化学反应控制参数及范围为：NaOH 溶液，浓度在 30%～60%；加热温度在 80～140 ℃；反应时间在 1～10h。

1）国外一项以 α-甲壳素为原料的脱乙酰研究取得的优化反应条件为：NaOH 溶液浓度 50%，反应温度 100℃，反应 1h 得到的壳聚糖脱乙酰度为 63%，继续反应 1h 脱乙酰度提高到 78%。该项研究认为，延长反应时间增效并不显著，反应时间过长会降低产品聚合度（分子量）。研究提出，在上述条件下要达到 90% 以上的脱乙酰度，而且不引起壳聚糖分子降解是很困难的。

2）国内类似的研究有以南极磷虾（krill）制备甲壳素/壳聚糖。该项研究用正交试验法得到壳聚糖的最佳试验条件为：碱液浓度 55%；处理温度 95 ℃；处理时间 12h。所制备的壳聚糖的脱乙酰度>90%，其他指标有灰分、钙含量等，但未提供反映分子量的黏度指标。正交试验得到参数影响主次顺序为：**碱液浓度>处理温度>处理时间**。

3）以 β-甲壳素（从鱿鱼骨提取）为原料进行脱乙酰研究，日本 K. Kurita 等人的实验

15

条件和结果如下：NaOH 溶液浓度 40%；反应温度 80℃；反应时间 6h；一阶段（反应时间 3h）脱乙酰度达到 75%，二阶段（反应时间 3h）脱乙酰度可达到 97%，所得到的壳聚糖分子量保持在 595000（M_v，g/mol）。另有研究报道，在 NaOH 溶液浓度 40% 下施加强超声波可进一步优化反应条件：反应温度在（较低的）50～80 ℃；反应时间缩短（仅一步 30min），生成的壳聚糖乙酰度约 7.0%（脱乙酰度 93%），分子量 10^6（M_w，g/mol）。

对比以上用 α-甲壳素为原料的脱乙酰反应，用 β-甲壳素为原料的反应条件较为温和、脱乙酰度高。而且用 β-甲壳素制成的壳聚糖，对有机溶剂和水都有亲和性，吸湿性强，是良好的亲水材料，用途更为广泛。

3. 质量影响因素的分析

国外文献强调的脱乙酰度和分子量两项质量指标，在我国制定的质量标准《食品安全国家标准 食品添加剂 脱乙酰甲壳素（壳聚糖）》GB 29941—2013 中也列入了，其中黏度指标反映了聚合度和分子量。国内外的研究结果证明，碱浓度、反应温度和反应时间是影响壳聚糖质量的重要参数。热化学脱乙酰反应过程控制和优化这些参数，能满足产品脱乙酰度的要求，也能保持较高的分子量。再者，壳聚糖取自于甲壳素，甲壳素的提取工艺也会影响壳聚糖的质量，应予重视。

1）制备甲壳素的原料来源是影响壳聚糖质量的关键之一，如上述用 β-甲壳素提取的壳聚糖不仅在质量上优越，而且提取工艺也较用 α-甲壳素要优（碱浓度和反应温度较低，反应时间较短）。

2）提取甲壳素的工艺和质量要求已有介绍（见 2.1.1 节），提取过程要求尽量保持其高的分子量和脱乙酰度（DA）。就分子量指标而言，甲壳素原料本身的分子量也会影响壳聚糖的聚合度，这关系到甲壳素提取的脱蛋白质过程的质量控制。

如前所述，我国现行标准《食品安全国家标准 食品添加剂 脱乙酰甲壳素（壳聚糖）》GB 29941—2013 和《甲壳素、壳聚糖》SC/T 3403—2018 中有关壳聚糖产品质量（其中有关食品级安全）列入了以下指标：铅≤2mg/kg；无机砷（以 As 计）≤1mg/kg。

重金属铅和砷，除与虾、蟹壳原料有关外，还均与甲壳素/壳聚糖的化学法制备工艺使用的酸碱纯度有关，大量使用酸碱难免会带入壳聚糖成品影响产品质量，故食品级、医用级产品必须进行全生产过程的质量控制。

综上所述，甲壳素、壳聚糖产品质量与生产原料来源（性质）有关，而因（虾、蟹壳）原料特点生产企业不易确保其来源的稳定，因此《甲壳素、壳聚糖》SC/T 3403—2018 提出应实行"型式检验"的要求（见该标准 7.2.2 条）。

2.1.3 甲壳素/壳聚糖生物法提取的研究

近十几年来国内外兴起甲壳素/壳聚糖的生物法提取研究，主要目标是从源头解决化学法的环境污染问题和改善产品质量、提高效益。目前主要在两个方面取得了不少研究成果。

1. 酶的应用

1）蛋白酶：蛋白酶种类众多，其中碱性蛋白酶（Alcalase ®）为商业化产品。在应用于提取甲壳素的一项实验研究中，结合化学法在酸脱钙（$CaCO_3$）后用 Alcalase 取代

NaOH 脱蛋白质，其效果比化学热碱法要差些，但可以得到一种富含蛋白质水解物的副产品（可加工成饲料等）。此外研究认为，若甲壳素用于提取壳聚糖，其残存的蛋白质很容易在热碱脱乙酰处理时去除，可弥补以上缺陷。

2）甲壳素脱乙酰酶（chitin deacetylase，CDA）：能催化甲壳素中 N-乙酰基-D-葡糖胺的乙酰胺基水解。近年来的研究重点在脱乙酰酶的筛选、分离和纯化。欧盟 EPET 项目支持的一项实验研究报道：一种从真菌的鲁氏毛霉菌（*M. Rouxii*）分离纯化的脱乙酰酶在甲壳素原料经适当的预处理后用于甲壳素脱乙酰，结果脱乙酰度可达 97%，说明生物法取代化学法制备高质量的壳聚糖很有潜力。

2. 微生物发酵工艺

1）乳酸菌应用于甲壳素提取的脱无机盐的研究：①泰国科学家 M. S. Rao 等人所做的虾壳分离甲壳素实验，以乳酸发酵法取代化学法：用乳酸和碳酸钙反应，生成乳酸钙沉淀，然后用水洗掉；由乳酸杆菌和虾体内的肠道菌产生的水解酶，促成虾壳的脱蛋白质与液化反应；同时，加入 5% 葡萄糖分解生成乳酸，在低 pH 值的环境中可抑制发酵时的腐生微生物。实验结果：生成固态的甲壳素和富含蛋白质、矿物质和虾青素的液态物。可作为很好的食品或动物饲料。② 以虾壳（小虾、小龙虾、鳌虾等）为原料的甲壳素提取，用乳酸菌加入乳酸或木薯提取物（作为碳源）发酵，取代化学法盐酸脱钙取得了一定成效。③乳酸发酵与化学法联用提取甲壳素的一项中间实验：乳酸发酵作预处理，其后用酸碱脱无机盐和蛋白质，其优点是可减少酸碱用量，而且酸碱浓度较低（HCl 为 0.5M，NaOH 为 0.4M）。

2）培养特殊菌发酵：利用从土壤筛选的铜绿假单胞菌（*Pseudomonas aeruginosa* K-187）脱蛋白质的一项实验，将菌接种于虾、蟹壳等水产品加工废物（作底物）发酵培养，产生了蛋白酶和甲壳质酶/溶菌酶，在固态发酵状态下经过 5d 可取得甲壳素脱蛋白质 82% 的效果。

国内有关研究，典型的有周湘池等人的一项微生物发酵试验：从虾壳中分离一株乳杆菌 BR-3（*Lactobaacillus* BR-3）发酵虾壳（接种量为 10%），并加入葡萄糖，浓度为 4.5%、固液比为 1∶3、发酵温度为（35±2）℃、发酵时间为 3~4d。试验取得的甲壳素质量为：灰分含量均小于 6%。以国内当时标准《甲壳质与壳聚糖》SC/T 3403—2004 对照，距"工业级水平"（≤3%）尚有一定距离。

3）协同发酵：乳酸菌与一些特殊菌种一起参与发酵。协同发酵实验系用乳酸球菌与一种产蛋白酶的菌种（*Teredinobacter turnirae*）接种对虾壳（在葡萄糖液里）进行发酵，发酵过程中加入的葡萄糖液浓度逐渐提高（0%~15%），实验取得同时脱无机盐和脱蛋白质的效果：DM= 70%，DP=70%。

刘培等人的类似发酵实验是用产蛋白酶的菌（*Bacillus licheniformis* OPL007）接种于凡纳对虾（Litopeneuas vannamei）的虾头发酵 60h，再接种产酸菌（*Gluconobacter oxidans* DSM 2003）加葡萄糖液发酵 36h，效果为 DM=88.56%、DP=88.72%。

2.1.4 生物法与化学法对比

1. 化学法

1）化学法提取甲壳素，在反应速率和稳定性方面较好，目前国内企业普遍采用化学法并已形成相对成熟的生产工艺。但因化学法须使用酸碱，生产过程中会排放大量废液，不但污染环境，而且能源、资源消耗多，原料中的蛋白质、钙、虾青素等有效成分也难以回收利用。同样，壳聚糖生产采用热碱法，不但升温耗能，而且会有大量碱性废水排放。总之，化学法提取甲壳素的环境问题大（在本书后面章节详述），严重制约了行业的发展。

2）在产品质量方面，甲壳素提取在酸碱的强烈化学反应下易发生多糖结构的脱乙酰化和解聚合（depolymerization），导致产品结构不均一。壳聚糖生产的化学脱乙酰反应条件不易控制，产品的均质性差，达不到用于生物医药等高档壳聚糖质量要求。国外的研究认为，酶法生物脱乙酰可控性好，可以制成特定物化特性的壳聚糖，而化学法脱乙酰是一种随机过程，故产品的均质性差。

2. 生物法

近年来兴起应用生物法取代传统化学法提取甲壳素/壳聚糖的研究，不用（或少用）酸碱，从源头减少废液排放污染是主要攻关目标。从上述国内外大量的实验研究结果可归纳出：① 酶法提取甲壳素不用酸碱可大大降低污染物的产生，还可回收蛋白质；反应不加热可减少能耗。微生物发酵法不产生酸碱废液，在与化学法联用的条件下，则可减少酸碱用量，同时可减少生产用水，其他副产物能被有效回收利用。②在产品质量方面，甲壳素提取的微生物发酵法与化学法相比，反应条件较温和、能耗少，而且发酵过程不会引起甲壳素水解，甲壳素产物的分子量相对大；酶法（用CDA）脱乙酰工艺比化学法提取的壳聚糖质量好，具有生产生物医药等领域应用的高档壳聚糖的潜在价值。

生物法虽有上述优点，但甲壳素/壳聚糖的提取工艺基本处于实验室水平，从国内外情况来看，不少实验结果（甲壳素/壳聚糖质量指标）较理想，但尚达不到化学法提取水平，如生物法提取甲壳素的脱无机盐和脱蛋白质，绝大多数研究结果都存在一个共性的问题，即产生的酸和蛋白酶不足，导致脱无机盐和脱蛋白质不够充分，而且耗时长、效率低；同时酸的生产速度不能有效地阻止虾壳废料的腐败。另一方面，酶法的应用取得了优于化学法的实验效果，如（前述的CDA）脱乙酰制备高质量的壳聚糖，但其大多数都是在真菌中发现的，由于真菌增殖较慢，大规模生产不实际，故对其克隆表达进行研究期望能够大大提高不同微生物来源的CDA的产量，为以后的工业化生产奠定研究基础。

总体来说，生物法环境友好，作为甲壳素行业清洁生产的发展方向，生物法提取甲壳素/壳聚糖的研究有待不断的突破和完善。

2.2　甲壳素/壳聚糖的应用

2.2.1　应用领域概述

国内外近年来对甲壳素/壳聚糖的化学改性开展了大量研究，目前可以适当选择不同分子量范围的壳聚糖为原料，进行化学衍生化的分子设计，生产多种衍生物。壳聚糖的分子修饰有羧甲基化、酰基化、烷基化、硫酸和磷酸酯化以及接枝反应与交联等，在这些基础上极大地开拓了其应用领域。

甲壳素/壳聚糖应用领域十分广泛。近年来在生物医学和治疗医学方面受到国内外极大关注，因其具有抗菌活性、高吸附性、生物可降解性及生物相容性、低免疫原性，而且无毒，是用于生物医学的理想天然聚合物；它还具有良好的物理性能，如易加工成凝胶、成膜，可制成纳米颗粒、纳米纤维、（医用）支架与海绵体等。在医学领域，现已有用于组织工程、医用敷料（用于创伤修复等）、给药（drug delivery）系统与癌症诊断等的报道。壳聚糖尤其具有突出的性能：壳聚糖的反应性、溶解性比甲壳素强，易于进行化学修饰赋予多种功能。

2.2.2　典型的应用领域

表2-1归纳了甲壳素/壳聚糖及其衍生物已投入实际应用的几个行业领域，特别是近年来研发的新应用领域。图2-2展示了几种国内外市场销售的壳聚糖医用敷料等产品。

甲壳素/壳聚糖的应用领域一览表　　　　　　　　　表2-1

领域	应用实例	注释
医药/保健	1.医用敷料;功能性敷料,如壳聚糖凝胶已用于妇科病、创伤医治等; 2.药物缓释剂; 3.作给药及药物靶向载体(药物递送系统),增加药物利用率与提高疗效; 4.调节免疫功能; 5.伤口止血敷料:如 Marine Polymer Technologies 公司用聚-N-乙酰基葡萄糖胺纤维生产止血药与敷料,以及医用无纺布与吸收性手术缝合线(国内外产品见图2-2); 6.组织工程(tissue engineering)材料:壳聚糖/胶原蛋白海绵用于人造皮肤,壳聚糖/磷酸三钙海绵作骨再生支架,具有引导骨形成的功能,促进骨(如牙槽骨)再生等; 7.盐酸氨基葡萄糖和硫酸氨基葡萄糖胶囊及多种口服剂型的氨糖保健品产品	1.甲壳素/壳聚糖因具有抗菌活性、高吸附性、生物可降解性及生物相容性、低免疫原性,而且无毒,是用于生物医学的理想天然聚合物; 2.壳聚糖及其衍生物具有良好的止血功能; 3.水溶性羧甲基甲壳素纳米颗粒适合作给药控释载体; 4.甲壳素纳米纤维适合用于伤口敷料; 5.壳聚糖羧甲基化后与磷酸钙生成螯合物,可促进骨骼的矿化; 6.国外多国将氨糖用于治疗关节疾病;我国批准了盐酸氨基葡萄糖和硫酸氨基葡萄糖的各种口服剂型
食品	1.果汁脱酸剂、果汁饮料澄清剂与稳定剂;食物保鲜剂、食品抗氧化剂、食品填充剂、防腐剂、乳化剂、抗菌剂和食品功能性甜味剂等,以及食品增稠剂(用于冰淇淋,果酱等); 2.壳聚糖成膜作为多种保存食品包装材料,可延长食品的保存期; 3.壳聚糖可作为功能性食品有效预防和辅助治疗相关疾病	1.甲壳素/壳聚糖具有良好的功能特性——保水性、持油性、乳化性能与抗细菌活性及成膜性能,被食品工业广泛应用; 2.壳聚糖作为食品增稠剂、被膜剂已列入《食品安全国家标准 食品添加剂使用标准》GB 2760—2014 的品种目录
农业	1.壳聚糖制可降解农用薄膜(替代塑料); 2.种子处理剂、植物生长调节剂与蔬菜保鲜剂等; 3.壳聚糖可作为生物农药(灭真菌)、土壤改良剂和农药的载体; 4.甲壳素可用作化肥缓释剂,提高化肥利用率;作为饲料添加剂,增强畜禽免疫力	可降解农用薄膜:以壳聚糖及纤维素、淀粉为原料制成
日用/化妆品	1.壳聚糖作配制护发、护肤、洗发产品的原料及作发型固定剂; 2.壳聚糖制作隐形眼镜	醚化甲壳素、烷基化壳聚糖等具有一系列良好性能:生物相容性、保温性能、保湿性能、抗静电性能等,用于化妆品中

领　域	应　用　实　例	注　释
纺织/印染	1.纺织品抗菌整理、抗皱整理、抗静电整理； 2.用壳聚糖提高织物染色率和涂料印花工艺固色作用； 3.毛织物的防毡缩整理； 4.甲壳素纤维轻纺纱、织布加工成各种功能性产品，如保健针织内衣	1.甲壳素/壳聚糖纤维可纺成长丝或短纤维两类，长丝用于捻制医用缝合线或纺成纱线，用作纺织材料；短纤维以无纺布制作医用敷料； 2.甲壳素纤维已列入国家推动纺织产业结构调整和优化升级的"鼓励类"目录
造纸	壳聚糖作为造纸助剂应用于造纸业，如作施胶剂可增强纸的抗水性、光洁度、抗撕裂度以及书写和印刷效果，尤其适合于包装用的高强牛皮纸的处理；作助留剂提高纸浆纤维、填料的留着率；以及作造纸白水回收的絮凝剂	具有质子化氨基的壳聚糖对纸纤维有很强的亲和力，作为纸张的涂膜整理可提高纸的表面强度、抗皱性、抗静电性等
环保	1.环境友好型混凝剂/絮凝剂用于水/废水处理并用于活性污泥的脱水； 2.螯合剂(重金属污染)土壤修复；处理(重金属污染)工业废水； 3.制RO膜用于水处理：优于当前广泛使用的聚砜膜	1.壳聚糖对重金属有吸附作用； 2.壳聚糖具有聚阳离子聚合物特性，具有良好的絮凝剂效应； 3.壳聚糖及其衍生物具有物化絮凝及吸附、离子交换等作用；羧甲基壳聚糖接枝己胺盐的絮凝剂对去除水中大肠杆菌有效； 4.壳聚糖分子中的N、O原子作为金属离子的键合位点，可螯合金属离子(清除土壤与水中的重金属)
化学/生物分析	壳聚糖作为修饰电极的高分子材料，可以固定酶并长期保持活性，应用于化学/生物传感器；纳米材料修饰的壳聚糖电沉积膜，用于葡萄糖检测	1.壳聚糖具有良好的吸附、成膜性能； 2.采用壳聚糖电沉积修饰电极形成均一厚度的可控膜，在其上DNA、蛋白质、酶可固定在壳聚糖表面；一些纳米材料也可与壳聚糖共沉积，提高分析灵敏度和选择性

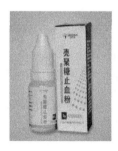

图2-2　几种国内外出品的壳聚糖止血敷料与药剂

第3章　国内外甲壳素产业发展与市场概况

3.1　国外主要厂商及产业发展特点

3.1.1　国外主要厂商及产品特点

全球甲壳素市场分布具有显著的地理特点——集中在一些海洋捕捞及加工业发达的国家，如欧洲（德国、法国、比利时、挪威、冰岛等国）、北美（美国、加拿大），亚太地区除中国外，有日本、韩国，包括后起的印度以及东南亚国家。发达经济体国家在研制优质甲壳素原料以及甲壳素及其衍生物产品方面居领先地位。以下介绍国外甲壳素/壳聚糖行业几个主要生产企业的情况（见表3-1）。

国外甲壳素/壳聚糖行业主要生产企业情况　　　　　表3-1

生产企业	国家	产品系列	企业特点
Heppe Medical Chitosan GmbH	德国	生产、销售用于医药和化妆品的高纯度甲壳素、壳聚糖（有百余种：不同脱乙酰度、不同黏度）、壳寡糖、盐酸壳聚糖、醋酸壳聚糖、乳酸壳聚糖和羧甲基壳聚糖等	医用壳聚糖公司，研发制造型企业；公司称为"定制生产商"，可研制顾客特定需要的甲壳素产品
Kraeber & Co GmbH	德国	用于医药、化妆品和营养保健品的各种水溶性壳聚糖系列（包括：壳聚糖醋酸盐、羧甲基壳聚糖、盐酸壳聚糖、乳酸壳聚糖、壳聚糖低聚物）与葡萄糖胺系列等	成立于1980年，研发、制造、市场与销售型企业。专长动植物原料生化提取，用于医药、化妆品及营养食品添加剂等
KitoZyme	比利时	以甲壳素/壳聚糖为原料的产品： 1)医疗保健与减肥药； 2)饮料/酒类添加剂； 3)甲壳素-葡聚糖	研发制造型企业；从真菌(Aspergillis sp)中提取甲壳素，公司称在"非动物"原料的壳聚糖、甲壳素-葡聚糖方面全球领先
Primex ehf	冰岛	1.高纯度壳聚糖（品牌：ChitoClear®），用于生物医药、(皮肤、头发)保健品。产品具有（按分子量、黏度、脱乙酰度）多种等级的壳聚糖； 2.壳聚糖为原料的减肥与食品添加剂（获美国专利）与壳聚糖为原料的水质净化剂(SeaKlear®)	海洋生物公司，原料取自北大西洋深海100%的纯野生冷水虾(Pandalus borealis)；公司称自己为可持续生产高质量壳聚糖的全球领先企业
Advanced Bio-polymers AS	挪威	1.生产多种规格的高质量壳聚糖——脱乙酰度(DA)在 0.25～0.60，能在 pH 值较高(7.2～7.4)的水中溶解； 2.研制不同 DA 值的壳聚糖分别用于伤口护理、化妆品和医药(药物传递)	研发制造型高科技企业

生产企业	国家	产品系列	企业特点
Kunpoong Bio.	韩国	1.壳寡糖原料(用于功能性食品、保健食品); 2.水溶性高分子壳聚糖原料(用于化妆品、肥皂、洗发液、厨房洗涤剂等),以及医疗用软膏、烫伤、创伤等); 3.另产销:减肥药、血糖控制药及功能性保健品	研发制造型企业,研发壳寡糖,具有15项专利;1996年建成年产200t的壳寡糖生产线,产品出口日本、美国、意大利等国
TCI Chemicals	日本	1.甲壳素; 2.壳聚糖——规格1:黏度20~100mPa·s(20℃下0.5%溶于0.5%乙酸溶液中);规格2:黏度200~600mPa·s(20℃下0.5%溶于0.5%乙酸溶液中); 3.糖链系列产品,包括:氨基葡萄糖、低聚糖	全球研究和商业用精细化学品供应商,分别在北美洲、欧洲、中国(上海)和印度建立了海外分公司和工厂
烧津水产化工株式会社(YSK).	日本	甲壳素类功能性原料: 1)乙酰氨基葡糖; 2)几丁质寡糖; 3)壳聚糖; 4)壳寡糖; 5)氨糖	调味品与甲壳素系列产品公司。20世纪70年代末从海蟹中成功提取甲壳素/壳聚糖,开始生产
Naturife S. A.	美国	1.水溶性壳聚糖(保湿剂、防腐剂); 2.壳寡糖; 3.壳聚糖(纯度＞95%);用于食品保鲜; 4.乳酸壳聚糖(防腐、保湿); 5.壳聚糖低聚乳酸酯	专长天然资源提取化工产品及化工设备制造。在中国浙江等地设厂,并与中国科学院、浙江大学、南开大学等合作开发产品
AXIO Biosolutions	印度	壳聚糖产品系列: 1)Axiostat® 为100%纯度的壳聚糖医用快速止血产品; 2)MaxioCel:抗菌性高度吸湿无纺微纤维医用敷料由100%壳聚糖制成,适用于重创伤治疗	研发制造型企业; 开发能过滤、提纯壳聚糖的专利技术:提高壳聚糖材料的均匀性和安全性。医用起始材料壳聚糖的质量符合美国材料试验学会标准(ASTM)
Marshall Marine Products	印度	1.甲壳素/壳聚糖及其衍生物 包括: 壳寡塘、羧甲基壳聚糖、醋酸壳聚糖、壳聚糖谷氨酸盐、壳聚糖乳酸盐、壳聚糖抗坏血酸盐、N-乙酰基-D-葡糖糖胺、氢氯化物葡糖胺、硫酸氯化钾葡糖胺; 2.壳聚糖纤维、甲壳素凝胶与壳聚糖凝胶等	公司称原料来源为无污染天然海洋水产。可按顾客特定需要生产甲壳素/壳聚糖产品

3.1.2 国外甲壳素产业发展特点分析

甲壳素学科的科研进展推动了甲壳素应用范围的不断扩展,国际市场开发高端应用(高新材料、健康保健等)领域,开拓高利润、高产出的甲壳素产业成为主流。据以上介绍的国外主要生产企业及产品情况,可知甲壳素/壳聚糖行业具有如下特点:

1) 生产并销售基础原料(甲壳素)的企业不多,即便生产也是高纯度的(如德国的公司)。研究/开发型企业多,致力于生产高纯度的甲壳素/壳聚糖及其衍生物,产品趋于高端化。日本、美国的大公司,甲壳素(或壳聚糖)原料多为进口,或在其他(发展中）国家设厂生产，为高端、高附加值产品（医疗/保健品、食品、化妆品等）提供原料。

2）不少公司直接生产/销售医药品、保健（减肥）药品，如比利时、冰岛的公司；印度公司近年的研发能力强，AXIO Biosolutions 公司具有提纯壳聚糖的专利技术，直接产销高附加值的创伤治疗（快速止血）产品。

3）国外公司重视生产原料来源，冰岛的 Primex ehf 公司专门生产高纯度壳聚糖，强调其甲壳素原料的纯净〔天然（非饲养）、深海〕；比利时的 KitoZyme 公司突出其甲壳素产品提取原料是"非动物"真菌。

甲壳素学科的发展推动了甲壳素及其衍生物产品的高端化，自 20 世纪 80~90 年代以来欧美、日本等国的企业（见表 3-1）已占先机。发展中国家的甲壳素产业以初级产品（甲壳素、壳聚糖、氨基葡萄糖等原料）为主，如东南亚国家（印度、泰国、越南等）的甲壳素企业以出口西方国家公司为导向。

3.1.3 主要产品的国际市场概况

1. 壳聚糖

甲壳素系列产品中壳聚糖广受重视，其原因一方面是因为它有广泛易得的原料来源，据国际粮农组织统计数据库（FAOSTAT）显示，仅欧洲每年甲壳素废物量就有约 750000t，而且还可从自然界的真菌获得；另一方面是因为壳聚糖及其衍生物作为天然高分子新材料得到应用的领域越来越广泛，而且不断有新的终端应用出现。但壳聚糖产品，尤其是符合高端产品质量要求的壳聚糖，生产成本偏高，是阻碍市场进一步增长的一个因素。据 Allied Market Research（全球市场调研/咨询机构，总部在美国波特兰）的市场研究报告显示，全球甲壳素市场中壳聚糖的占有额为 12 亿美元（2015 年统计数），预测到 2022 年可增至 25.2 亿美元，2017—2021 年期间的年均增长率可到 18.1%。

2. 氨基葡萄糖

氨基葡萄糖是甲壳素产业链中的又一重要产品。氨基葡萄糖因对骨关节炎（OA）病起作用由瑞典科学家在 1956 年首先发现，此后氨基葡萄糖被用于骨关节炎治疗。经多年临床研究认为，氨基葡萄糖是一种小分子化合物，容易透过生物膜，且与关节中的软骨有很强的亲和力，是合成蛋白多糖的底物，更重要的是它能抑制一些损害软骨的酶，这些酶类可破坏软骨并波及周围组织，因此氨基葡萄糖有可能修饰关节软骨的结构，调节关节软骨的代谢而具有延缓骨关节炎病程的作用，但就其疗效国内外一直存在争议。美国从 19 世纪就开始研究氨糖，是最早从事氨糖生产的国家；美国 FDA 虽未批准氨基葡萄糖作为药品生产销售，但可作为保健食品管理，允许其以膳食添加剂（dietary supplement）进入市场，目前已广泛应用于医疗保健领域。2010 年，"国际骨关节炎研究协会（OARSI）"推荐硫酸氨基葡萄糖为治疗中度骨关节炎的药物，欧洲已有多个国家将氨糖应用于治疗关节疾病，我国则批准了盐酸氨基葡萄糖和硫酸氨基葡萄糖的各种口服剂型。近年来骨关节炎疾病的"氨糖疗法"（消炎→修补→养骨→补钙→康复）在我国也逐渐流行，市场上有盐酸氨基葡萄糖和硫酸氨基葡萄糖胶囊及多种口服剂型的氨糖保健品销售，如"汤臣倍健"葡萄糖胺和从美国进口的鲨鱼软骨素氨糖片登喜健（Donhold），它是一种氨基葡萄糖＋硫酸软骨素的复合制剂。此外，氨基葡萄糖盐酸盐和硫酸盐还是一类重要的生化试剂和医药中间体，其中氨基葡萄糖盐酸盐是合成新型抗癌药物氯脲霉素的重要原料。

近十年来，以甲壳素为原料的氨糖生产因（骨关节软骨修复维护为主）保健品市场的需求变得十分旺盛。西方国家 2008 年的氨糖保健品种类有 61 种，到 2013 年超过 200 种，氨糖保健品全球销售量达 32 亿美元。

3.2　国内甲壳素产业发展概况

3.2.1　产业形成的初始阶段

我国沿海地区的浙江、山东、江苏等省是甲壳素产业集聚区。20 世纪 80 年代随着海产品养殖与加工业的发展，兴起水产品加工废物综合利用的甲壳素生产。随着国内外市场需求日益旺盛，甲壳素加工厂点（多为年产 100 t 左右规模的土小企业）纷纷上马。以水产业发达的舟山市为例，甲壳素、壳聚糖的生产厂家在 2000 年前后有 40 多家，全市每年外汇达 5000 万美元以上。甲壳素产业的兴起给地方经济带来了效益，又使渔民受益；另外，将海产品加工废物变废为宝消除了环境公害，具有社会效益。但兴旺局面持续不久便陷入了困境，原因一是众多仓促上马的土小企业起点低，工艺及生产设备简陋，生产过程中排放大量污染而无力治理，遭受"环保风暴"关停；二是以作坊式生产方式为主的企业，只能生产两三种低端产品，质量不高、产品附加值低。产品以初级原料形态出口欧美、日本等发达经济体，销售利润微薄，抵御市场波动能力差，国际市场处于弱势；而在国内市场上又出现低端产品的恶性竞争（见《第一财经日报》2010 年 11 月 16 日）。我国甲壳素行业多年来粗放经营，产业自主创新能力不足，缺乏生产高端产品的核心竞争力。行业迫切需要转型升级。

3.2.2　行业进入转型发展阶段

近十多年来行业发展出现的新局面归纳如下：

1）环保"倒逼机制"初步形成

在环保高压下污染企业受冲击，无力治污的企业陆续关停，数量锐减，少数有实力投入治污的企业得以生存。环保促进了行业的整合，但行业总体的环境污染问题仍有待解决。

2）产品结构出现变化

产品转向以氨基葡萄糖、壳聚糖为主，不少企业停止甲壳素的生产。据分析，氨糖国内外市场需求旺盛、产品附加值较高是主因，氨糖生产治污成本低也是其中一个因素（氨糖生产污染较甲壳素轻）。据不完全统计，2005 年我国共出口氨糖系列产品 6000 余 t，氨糖生产持续繁荣，已成为国际最主要的氨基葡萄糖原料药生产国，占全球的市场份额达到 85%～90%，美国、欧洲是主要出口市场。据中国海关总署统计，2013 年仅宁波口岸出口美国的氨基葡萄糖原料药就达上千吨之多。日本和韩国则在中国设厂生产氨基葡萄糖原料药直接出口日韩市场。氨基葡萄糖需求增加，消耗甲壳素量也大，上述原因致使国内基础原料甲壳素的供应不足，主要依赖国外（主要是东南亚国家市场）进口大量甲壳素。产品除氨糖系列产品外，以壳聚糖为原料的衍生产品逐年递增，品种趋向多样化。我国成为氨糖出口大国和甲壳素进口大国。

3）产业整合有进展

甲壳素企业集中的浙江、山东和江苏三省，经产业整合取得了转型升级的初步成效。如甲壳素小企业聚集的浙江省玉环县，原来"低、小、散"问题十分突出，经土小企业淘汰、产业整合，近十年来出现多个年销售额超亿元的省级高新技术企业。甲壳素行业整合出现了一些新进展——企业产品科技含量和档次有所提高，并趋向于多品种、多样化，具体表现在以下几个方面：

（1）就壳聚糖而言，就有高密度壳聚糖、水溶性壳聚糖、类透明质酸壳聚糖、不同分子量和黏度的壳聚糖，以及高 DA 值的高纯度壳聚糖等较高附加值的产品。

（2）壳寡糖是近十年来国内外市场青睐的产品，济南海得贝海洋生物工程有限公司建成国内第一条年产 30t 的壳寡糖生产线，成为继日本、韩国之后我国首家实现壳寡糖产业化的企业。

（3）开发高端甲壳素/壳聚糖衍生物产品。如氨基葡萄糖以及壳寡糖保健品、壳聚糖高级护肤香皂、类透明质酸高档化妆品、海洋多糖生物农业新材料以及甲壳素与壳聚糖纤维及制品是纺织、医药的绿色新材料。这方面突出的生产企业在山东省有海斯摩尔生物科技有限公司，公司十多年持续投资建设百吨级的中试生产线，并建成我国第一条千吨级纯壳聚糖纤维产业化生产线及千吨级壳聚糖热风无纺布生产线；潍坊盈珂海洋生物材料有限公司是开发生产和销售壳聚糖纤维系列产品的韩国独资高新技术企业，该公司的"盈甲壳100"水溶性纤维（见图 1-8）是由脱乙酰度为 98％ 以上的高纯壳聚糖直接塑形而成；水溶性纤维是可以溶解在水中的纤维，使用该纤维混纺在其他纤维中可使纺织纱线面料柔软性能大为提升。

4）开发甲壳素原料新来源

我国甲壳素生产从沿海地区海产品加工废物利用发展起来，虾、蟹壳原料这些年还大量从北美、澳大利亚等国家进口，内陆地区淡水产品资源利用很少，而处置大量水产品加工的固体废物成为环保难题。如何利用我国淡水虾、蟹壳开发甲壳素新原料来源？出现良机的是小龙虾产业兴起和迅速增长，湖北省的潜江是全国最大的淡水小龙虾养殖和加工基地，湖北省潜江市华山水产食品有限公司是出口小龙虾加工食品的龙头企业，为解决大量堆积的虾壳废料，公司从浙江沿海地区学习到虾壳生产甲壳素经验，2007 年公司（湖北省科技厅挂牌）成立"甲壳素工程技术研究中心"，成功从小龙虾壳提取出甲壳素，并在武汉大学科研团队的协助下研发小龙虾壳深加工工艺，继而在 2009 年启动年处理 10 万 t 废弃虾壳的提取氨糖项目，使小龙虾产业链继甲壳素之后再一步延伸，环保和经济效益显著。

5）加强科技投入、产品研发，推进企业转型升级

"产学研"结合在甲壳素行业早有开展，扬州日兴生物科技股份有限公司是做得较好的甲壳素企业，公司内设有"江苏省甲壳质深加工技术研究中心"（见图 3-1），研发费用每年投入额为整个销售额的 4.3％；公司与江南大学、南京工业大学等高校建立协作关系，设有"江苏省研究生工作站"等，完成多项国家科研项目，获得发明专利 16 项。山东的海斯摩尔生物科技有限公司十多年坚持连续的科研投入，陆续投资建设了百吨级的中试生产线，建成了科技馆和千吨级产业化项目，从传统纺织品生产进行战略转型升级。青岛弘

海生物技术有限公司与中国海洋大学海洋生命学院密切合作，攻关酶发酵法生物技术生产壳寡糖（已获得国家专利）。国内甲壳素学科前沿的武汉大学与多个甲壳素企业合作，湖北省潜江市华山水产食品有限公司是最早与武汉大学合作的企业，2012年公司与武汉大学就进一步深化校企合作签署了《关于组建甲壳素研发实验室合作协议书》。浙江澳兴生物科技有限公司与武汉大学合作，设立了武汉大学-澳兴甲壳素研发基金，建立了武汉大学甲壳素研究中心中试基地和联合实验室，使企业向研发制造型发展。

图 3-1　扬州日兴生物科技股份有限公司的甲壳质深加工技术研究中心

6）海外市场进一步扩展

浙江省的甲壳素企业以出口为导向加强基础设施建设，抓质控、搞国际产品论证，发展很快，浙江金壳药业股份有限公司与国际甲壳素行业龙头公司并列（列入《Allied Market Research 报告》的国际主要甲壳素/壳聚糖供应商），多个产品已在美国 FDA 获得 DMF 登记，并在美国新泽西州注册设立了"Golden-Shell International LLC"（金壳国际有限责任公司）；2015年正式获得了对欧盟注册资格，其精制生产的氨糖类系列产品获许进入欧盟市场，成为首批获得对欧盟注册资格的氨糖类产品生产企业。获得对欧盟注册资格的还有浙江舟山普陀新兴药业有限公司和浙江舟花生物科技发展有限公司。在山东省，甲壳素企业的国际合作早有开展（与韩国等），潍坊 Tricol 贸易有限公司从生产普通纺织品的企业转型开发壳聚糖纤维与无纺布发展很快，公司通过其子公司（美国的 Tricol Biomedical，Inc.）收购了美国壳聚糖医用产品的高科技企业 HemCon Medical Technologies，现已成长为生产壳聚糖微纤维与无纺布的跨国公司（员工 1800 人），产品包括医用无纺止血绷带、各类除臭、抗菌敷料及美容化妆品材料，产品向欧美、亚洲和大洋洲出口。

第4章 甲壳素行业污染治理和清洁生产评估

国家为加强对重点行业的污染防治与环境管理的科技支撑，在"十一五"设立了"环保公益性行业科研专项经费"，甲壳素行业列入了该（2013 年度）专项，开展行业污染防治与清洁生产评估。

4.1 项目背景与意义

4.1.1 立项的背景

我国的甲壳素生产从 20 世纪 80 年代在沿海地区兴起，三十多年来形成的甲壳素产业经历了土小企业为主的低水平产能无序扩张和造成的严重环境污染。近十年来，靠环保"倒逼"机制的推动和甲壳素科技发展的技术支撑，甲壳素行业经过初步整顿，一些落后企业淘汰出局，一些企业转型升级，在国际市场上具有一定的竞争力（见 3.2.1 节），行业形成了以提取甲壳素为起始原料生产壳聚糖、氨基葡萄糖等多种衍生物的产业链。甲壳素的生产是产业链的始端和基础，但甲壳素提取过程环境污染重，治理难度大、成本高，成为甲壳素行业的老大难问题。我国是全球最大的水产品生产国，除了传统的沿海地区海产品生产外，近年内地淡水养殖特别是小龙虾产业发展，促进了水产品加工业及食品业的兴旺，但同时也产生大量的加工废物，给环保造成了新的压力。值得庆幸的是，依靠我国甲壳素科技人员和企业的努力，水产品加工废物得到了有效利用，近年小龙虾加工废弃的虾壳提取甲壳素也取得了成功，并形成产业。我国的国情决定了不能采取发达国家的公司靠进口甲壳素原料发展高端产品的模式，而应该构建完整的甲壳素产业体系。如何充分利用我国的水产资源发展甲壳素产业，解决好甲壳素生产的环境污染问题，并带动水产养殖和加工业的绿色发展，是本专项研究要回答的问题。

4.1.2 开展项目的意义

甲壳素行业产业链长，跨轻工、食品、医疗保健等诸多与民生关系密切的产业，是发展潜力很大的行业。环境污染一直是困扰甲壳素行业发展的难题，开展"环保公益性行业科研专项"将推动行业走上良性发展之路。

公益性环保项目的实施将增强甲壳素行业环保的科学管理、提升企业污染防治技术、创建一批清洁生产企业，从而促进行业的绿色可持续发展。

4.2 项目开展的工作内容

环保公益性甲壳素行业科研专项由湖北省环境科学研究院与武汉大学资环学院、中南民族大学等单位组成的课题组承担。根据国家生态环境部论证通过的工作大纲，课题组开展以下工作：

1）现场考察：选定（国内甲壳素产业集聚区）典型企业，通过对企业进行现场考察了解行业生产基本状况，包括生产工艺、装备与环境污染状况，其中甲壳素的生产是重点。

2）企业环境污染状况调研：了解典型企业的污染状况，找到污染源头并识别污染特征；了解企业污染物排放及污染治理情况，开展必要的环境监测。

3）行业污染治理技术与清洁生产水平评估：了解企业污染处理设施的建设与运行状况及治理达标情况，在开展企业和相关行业污染治理与清洁生产技术调研的基础上，对甲壳素行业污染治理技术与清洁生产水平进行评估。

4）提出甲壳素行业绿色发展的政策建议。

4.3 项目实施步骤

调研和评估工作流程如图 4-1 所示。

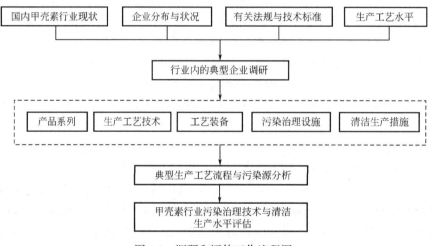

图 4-1 调研和评估工作流程图

4.4 企业调研：主要产品生产与污染物排放情况

4.4.1 甲壳素行业典型企业分布与特点

1）在甲壳素产业集聚区选择典型企业进行调研。我国甲壳素企业主要分布在水产业发达地区，以沿海地区为主，内陆地区也有，调研选择的甲壳素企业有江苏省（扬州市高邮）的扬州鸿信生物制品有限公司等 4 家、浙江省沿海地区（舟山市、台州市玉环）的浙江金壳生物化学有限公司等 6 家、山东省（济南市与青岛市等地）的济南海得贝海洋生物工程有限公司等 4 家，还有福建省的石狮市华宝海洋生物化工有限公司，以及内陆水产业

28

大省湖北省潜江市华山水产食品有限公司，该公司地处盛产小龙虾的潜江市，主营业务为加工小龙虾食品并出口，废虾壳为提取甲壳素的原料。调研时间：2013年9月至2014年8月，为期近一年。

2）上述16家企业在生产原料、产品种类和档次方面有差异，有产品较为单一、产能较小的企业，也有实力较强、产品系列多样化并取得国内外质量认证（如ISO 9001、GMP、HACCP等）的省部级高新企业。调研的范围基本能反映国内甲壳素行业的状况。调研特别关注企业的环境污染与环保设施情况，2016年3月和5月课题组对江苏扬州一家已建废水处理设施的企业进行了废水处理运行的现场测试。

4.4.2 行业发展若干特点

企业调研情况反映了近年来甲壳素行业出现的一些新特点：

1）原料多样化：甲壳素生产的原料来源均为水产品，浙江、山东、福建等沿海地区以海产品为主，江苏以湖泊淡水养殖的虾（如"罗氏沼虾"）、螃蟹为主，故为甲壳素提取提供了足够的虾、蟹壳原料；湖北潜江市的企业以当地盛产的小龙虾（壳）为原料成功提取甲壳素，是近年甲壳素行业的新军。浙江、山东以出口高品质（食品级、医药级）壳聚糖、氨糖为导向的一些企业，以进口北美等地的深海虾壳与蟹壳为原料生产甲壳素，然后从中提取高品质的壳聚糖、氨糖等产品出口（号称"无污染"产品）。

2）产品呈多样化：多数企业生产甲壳素作为起始原料用于本企业壳聚糖、氨糖、壳寡糖等衍生物产品的生产，以甲壳素为单一产品的企业基本没有。

3）氨糖产能居首：绝大多数企业都有氨糖类系列产品，反映了国内外市场需求旺盛。氨基葡萄糖盐酸盐为最常见产品，企业实力强的生产多品种、各种质量等级的氨糖，产能在1000t/年以上。

4）甲壳素衍生物（氨糖、壳聚糖等）需求量增加，甲壳素供应呈短缺局面：上述调研企业中有半数需要外购甲壳素补充自产缺口，部分企业为提高氨糖产量还从国外（主要为东南亚国家）进口甲壳素。浙江和山东的个别企业已停产甲壳素，壳聚糖和氨糖等产品的生产依靠外购甲壳素。

4.4.3 主要产品的生产：生产工艺与设备概况

企业调研反映出甲壳素衍生物产品种类呈多样化，甲壳素、壳聚糖和氨基葡萄糖仍是国内甲壳素行业目前的主要产品。有关产品现有的生产工艺，总的来看，以甲壳素学科研究成果为基础（见2.1.1、2.1.2节）；各企业也按各自的生产条件和原料情况确定了本企业的生产工艺。

1. 甲壳素生产

如前所述，酸和碱处理的化学法是国内外提取甲壳素的常规工艺，我国企业普遍以虾壳或蟹壳为原料，故提取的甲壳素均为"α-甲壳素"。先酸（浸）后碱（煮）是普遍采用的工艺。大部分以虾壳为原料的采用"一酸一碱"，有个别采用先碱后酸处理工艺的，如虾壳（带虾头、虾腿）原料的肉质（蛋白）含量较高，采取先碱处理去除蛋白质。虾、蟹壳经酸碱处理后都要用大量水洗涤，排放的酸碱废水中污染物浓度高，废水量大。从调研情况来看，在甲壳素生产过程中，从虾、蟹壳原料进厂、酸碱反应到甲壳素产出，是企业里生产条件最差、环境污染最重的部分；企业的甲壳素生产工艺设施（较其他产品生产）简陋，还有少数企业仍在用（过去土小作坊）地坑式水泥池露天作业，在虾、蟹壳原料的酸碱处理作业现场弥漫着恶臭，酸碱雾污染敞开排放、污水漫流（见图4-2）。在甲壳素企业随处可见厂区地面露天摊晒着大量甲壳素，这是因为甲壳素成品出厂需要干燥脱水，用自然干燥以节约生产成本，这已成为目前甲壳素企业的常态（见图4-3）。

甲壳素产品分为工业级和食品级两个档次，我国农业农村部制定了规格标准（见2.1.2节）。食品级从原料质量到处理加工过程，都对重金属含量及微生物含量进行严格控制。在调研的几个企业中，生产的甲壳素基本上均作为原料进一步加工为壳聚糖或氨糖系列产品，故生产过程（原料、工艺）维持工业级水平即可。

图4-2 酸浸、碱煮地坑式露天作业

图4-3 露天摊晒：甲壳素干燥脱水

2. 壳聚糖生产

壳聚糖以甲壳素为原料提取，热碱脱乙酰法是成熟的化学法生产工艺。甲壳素的脱乙酰基反应须控制碱浓度、反应温度和反应时间三项因素，其中氢氧化钠溶液浓度是主要因素。加温可提高反应速率，但温度过高会使壳聚糖分子量下降（见2.1.2节）。据了解，企业脱乙酰化反应的氢氧化钠溶液浓度一般为40%，反应温度在100℃上下。因甲壳素原料来源及产品质量要求的差异，各企业需调整反应条件。壳聚糖生产经脱乙酰基化学反应工序一步完成，反应结束后过滤物料，排出的碱液可套用——补充一定量碱重复使用于上述工序（套用不超过 10 次）；所得物料加清水淘洗至中性，再经离心（脱水）、干燥、粉碎得到壳聚糖成品。壳聚糖的物化性能要求脱乙酰度、聚合度（即分子量、黏度）两项指标要高。壳聚糖的质量决定其最终用途，实力强的企业如济南海得贝海洋生物工程有限公司，通过工艺创新和装备的革新，实现了对不同分子量壳聚糖、不同脱乙酰度和活性的壳聚糖制备的可控性反应，目前能生产医用级壳聚糖、水溶性壳聚糖、高密度壳聚糖等系列产品。质量高的壳聚糖其脱乙酰度高（≥90，95）、黏度高（>1.000mPa·s）、灰分低（≤1.0），经深改性加工可生产不同性能的系列产品。生产医用级、食品级等高质量壳聚糖的外向型出口企业对产品质量把关很严，不少企业进口（从北欧、北美地区）远洋海虾、蟹壳提取甲壳素。

介绍壳聚糖系列产品时应特别提到"低分子量壳聚糖"，即通常所说的壳寡糖（见1.1.3节）。壳聚糖生产需将壳聚糖"解聚"，采用酸水解法、氧化法或酶解法，使壳聚糖分子间及分子内部的氢键断裂，壳聚糖降解成带有氨基的小分子寡糖。酶解法是利用专一性或非专一性酶对甲壳素或壳聚糖进行降解的方法，制备的产物具有生物活性高且不对环境造成污染等优势，近年酶发酵生物法生产壳寡糖技术已进入实用阶段。调研的企业中，山东的济南海得贝海洋生物工程有限公司与潍坊海之源生物制品有限公司等几家产壳聚糖的企业都生产壳寡糖系列产品。

3. 氨糖生产

氨糖以甲壳素为原料，生产工艺较复杂，生产设备多。甲壳素原料需经一系列（粗、精）加工工序处理，基本的生产工序为：甲壳素→酸水解→抽滤→脱色→结晶→离心→干燥。表 4-1 列出的是某公司氨糖生产线的主要设备。此外，在氨糖精加工阶段的结晶工段要用大量乙醇，生产线另有乙醇回收设备；脱色基本都用活性炭。

某公司氨糖生产线的主要设备表 表 4-1

设备名称	型号	工段
水解反应釜	93 标 S 系列	水解
密闭过滤槽	A 型	
盐酸吸收系统		
冷却罐	AB-01	冷却降温
自动板框压滤机	XRZF60/800	
密闭过滤槽	B 型	
真空泵	280 型	
盐酸吸收系统		
浓缩罐	93 标 S 系列	一次浓缩
密闭抽滤槽	非标	
真空泵	280 型	
盐酸吸收系统		
废酸处理罐	93 标 S 系列	

设备名称	型号	工段
溶解脱色罐	93 标 S 系列	脱色
自动隔膜压滤机	BAYJ800	
脱色罐	93 标 S 系列	
密闭抽滤槽		
真空泵	280 型	
膜过滤	SJM-UF-420	
浓缩液贮罐		
刮板蒸发器		
结晶罐	93 标 S 系列	结晶
气液分离器	500 型	
碟式冷凝器	$F=15m^2$ 密闭型	
抽滤槽	800 型	
真空泵	280 型	
酒精计量罐	$V=1000L$ 卧式	洗涤-分离-干燥
反应釜	93 标 S 系列	
全自动封闭式离心机	AGZ1003 型	
双锥回转真空干燥机	SZG-1000 型	
高效筛粉机	ZS-800 型	
万能粉碎机	WF-60B	
二维混合机	YET-4000	
真空上料机	ZXS-3	
沸腾制粒干燥机	FL-200 型	
真空泵	280 型	
乙醇气体吸收系统		

氨糖系列产品中,氨基葡萄糖盐酸盐是普遍生产的产品,经原料和工艺上的调整产品系列可扩至氨基葡萄糖硫酸盐、氨基葡萄糖硫酸钾盐、氨基葡萄糖硫酸钠盐、N-乙酰-D-氨基葡萄糖等。

各类氨糖系列产品均用于制成(骨)保健品、添加于饮料与口服液中等,国内目前大部分氨糖系列产品均用于出口,必须通过有关国内与国际论证,如 NSF-GMP、HACCP、ISO22000 等,因此在生产工艺设备、生产卫生条件方面均须达到相关要求。图 4-4 显示生产氨糖的企业情况和洁净的生产条件。

4.4.4 主要产品的生产工艺流程及污染物排放节点

1)甲壳素的传统生产工艺流程(见图 4-5):① 虾、蟹壳原料先经(浓度 4%~10%)盐酸浸泡以除去无机物碳酸钙,酸浸反应后甲壳素物料经过滤分离,再用清水洗涤多道(一般 2~3 道)至中性,酸浸产生的废酸液要定期排出(部分企业能做到回收)。②酸浸

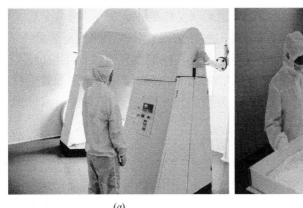

(a) *(b)*

图 4-4　氨糖生产 GMP 标准净化车间

（a）氨糖生产——真空干燥；（b）氨糖成品分拣

脱钙反应后的虾、蟹壳通过碱煮脱蛋白质：用片碱配制浓度为 5％～8％的碱液加蒸汽煮在反应罐中脱蛋白质，碱液可套用数次，废碱液需定期排放（部分企业能做到回收）。③反应完成后固体（甲壳素）与碱液分离，用水清洗多道（2～3 道）至中性，随后有大量碱性废水排放。最后是甲壳素的干燥，如前所述目前各企业普遍采用（露天摊晒）自然干燥。甲壳素成品为灰黄色，为满足高质量的甲壳素需要，部分企业在完成酸碱处理后，进一步用氧化剂（过氧化氢或高锰酸钾）对甲壳素脱色，然后用清水冲洗、干燥。

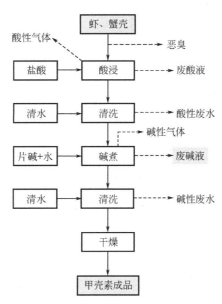

图 4-5　甲壳素生产工艺流程与污染物排放节点

甲壳素生产工艺流程里有多个节点排放污染物，最大的污染物排放是在虾、蟹壳酸浸后物料（中间产物）洗涤至中性时排放的酸性废水以及碱煮后物料（甲壳素）洗涤至中性时排放的碱性废水，课题组在调研阶段对这两股废水的排放量、污染物成分开展了监测（见 4.4.5 节）。除废水排放之外，甲壳素生产还存在有害污染气体低空排放的面源污染，即酸浸有盐酸雾、碱煮有碱性气体，这种情况在土小企业、露天敞开式作业的企业尤其严重（见图4-2）。调研也看到有部分企业已能采用密闭反应罐并装有气体吸收装置，污染得到了一定控制。恶臭气体污染是甲壳素行业普遍存在的问题，主要来源于企业中大量虾、蟹壳原料进场、堆存带来的腥臭味。不少甲壳素企业往往因恶臭扰民被环保投诉[*]。其他待解决的环保问题是酸浸和碱煮产生的高浓度废液，因生产中套用多次后要定期排放，量虽不大但污染物浓度高，企业应该另行处理、处置（见4.6.3节）。目前尚未见到有企业能妥善处置。

2）壳聚糖生产工艺流程（见图4-6）：如前所述，甲壳素原料加入40％氢氧化钠溶液，在反应釜中加热进行脱乙酰基反应；反应结束后，物料过滤，然后加清水进行水洗至中性、离心脱水、干燥、粉碎、包装得到壳聚糖成品。在污染物排放方面，脱乙酰基反应物过滤有浓碱液排出，可套用——补充5％的浓碱再用于脱乙酰基；清水洗涤物料工序排出的废水碱浓度较低。与甲壳素生产相比，整个工艺产生的废水较少，污染程度较低。脱乙酰基反应的碱液可套用多次，但浓碱的套用次数不能超过10次（10次后产品的脱乙酰度会降低），故须排出，排出的废浓碱液有待妥善处理处置。

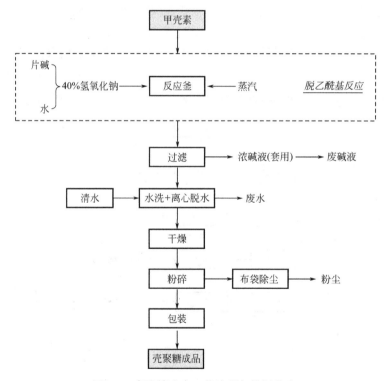

图4-6　壳聚糖生产工艺流程与排污节点

3）氨糖生产工艺流程（见图4-7）：分粗、精两步加工程序。①粗加工：甲壳素投入酸解釜中，然后加入浓度为30％的盐酸进行酸解反应，加热至90℃左右反应约5h，反应结束后冷却结晶，离心得到氨糖粗品；②精加工：在溶解脱色釜中将水加热到80℃，然后

* 见《中央环保督察"回头看"群众信访举报转办和边督边改公开情况一览表（第六批）》，发布日期：2018-06-16，受理编号：X320000201806110002。

加入氨糖粗品与活性炭，进行溶解脱色，再经压滤、减压蒸馏，然后加乙醇进行洗涤精制，离心分离、母液回收乙醇，再经真空干燥、过筛得到氨糖成品。据业内人士反映，目前这项工艺尚存在一些有待解决的问题，如酸解过程中盐酸利用率低；反应同时生成的聚电解质和焦糖对产品有影响；利用减（负）压蒸发浓缩回收母液能源消耗多、运转费用高；采用活性炭脱色，成本高、消耗量大等。氨糖生产的污染治理主要是氯化氢废气和乙醇废气的处理与回收；水污染方面，用水量较甲壳素生产少，废水排放量也少；低浓度废酸回收利用目前看来有困难。

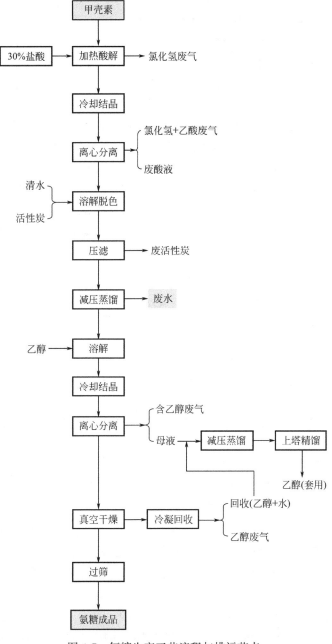

图 4-7　氨糖生产工艺流程与排污节点

废活性炭处理处置是氨糖生产的一个难题，目前多数企业暂在厂区堆存，处置有困难。《国家危险废物名录》（2016 版）将"脱色过滤介质""吸附剂"归为"医药废物（HW02）"，但部分地方的环境部门将氨糖脱色产生的废活性炭列为危险废物[*]，据此课题组认为，把氨糖脱色产生的废活性炭归为 HW02 医药废物还值得商榷，具体应按照国家规定的危废鉴别标准和鉴别方法确定。

4.4.5 甲壳素生产的水污染物及特征识别

如上所述，甲壳素行业的原料产品——甲壳素的生产，是甲壳素行业中排放污染最重、环境问题最多的部分，而其中污染问题最突出的是生产废水排放。课题组在上述企业重点调研甲壳素生产排污情况，并开展现场监测工作。

1. 虾、蟹壳原料的成分分析

甲壳素生产原料，主要是虾、蟹壳。针对江苏、浙江和福建地区企业目前所用主要原料——沼虾壳、海蟹壳等，以及近年使用的新原料（湖北潜江）小龙虾壳，课题组进行了采样、分析。三种原料的组成情况，包括甲壳素含量、钙含量、磷含量、蛋白质含量、重金属含量、灰分、水分等指标（见表 4-2、表 4-3）。通过酸处理脱钙，碱处理脱蛋白质，得到蟹壳、小龙虾壳和沼虾壳中的甲壳素含量，虾、蟹壳中的甲壳素含量都在 20％左右；钙主要来自于虾、蟹壳中的碳酸钙，小龙虾壳和蟹壳中的钙含量要高于沼虾壳；磷含量不高，主要来自于虾、蟹壳中的磷酸钙；三种原料的蛋白质含量在 10％～30％之间，蟹壳中的蛋白质含量较低，而虾壳原料中往往带有虾头等含有较多的蛋白质，故虾壳原料的蛋白质含量要高。三种原料中含量最高的重金属均为 Cu 和 Zn，其他重金属如 Cr、Cd、Pb 等含量相对低。重金属的含量与虾、蟹的生长环境有关。

虾、蟹壳中的钙等有效成分含量（％）　　　　　　　　　表 4-2

样品	钙含量	甲壳素含量	磷含量	蛋白质含量
小龙虾壳	17.8	17.45	1.4	22
蟹壳	21.6	19.67	0.87	10.4

虾、蟹壳中的重金属含量（mg/kg）　　　　　　　　　表 4-3

样品	Cu	Cr	Cd	Pb	Zn
小龙虾壳	39.2	0.2	<0.1	<0.1	40.9
蟹壳	187.4	0.1	<0.1	<0.1	14.3
沼虾壳	102.4	0.2	<0.1	<0.1	99.1

如前所述，企业按原料及其成分的不同确定提取工艺，因原料的钙含量与蛋白质含量不同需要调整提取工艺（包括酸、碱的投入量），并影响到工艺过程排放废水的水质。同时，原料中有害物质，如重金属，因强酸、强碱处理会溶入废水，影响到废水的水质。

---

[*] 见《连云港市环境保护局 环境保护行政处罚决定书》（连环行罚字〔2017〕26 号）——江苏澳新生物工程有限公司对"年产 300t 氨基葡萄糖盐酸盐"项目氨糖生产车间脱色过程产生的约 18t 废活性炭（废物类别为 HW02，废物代码为 276-003-02）未设置危险废物识别标志，也未按照国家规定进行申报登记。

2. 主要产品生产的物耗/能耗

为掌握甲壳素企业生产单位产品的物耗与能耗情况，课题组在两家公司的协助下进行了测试，具体做法：在现场各测试位置测定和记录台账。主要测定连续生产72h内的原材料投放量以及煤耗、电耗和水耗数量，同时测定该时段内的（甲壳素）成品量进行推算。以下重点说明有关甲壳素生产方面的情况，再就主要指标跟氨糖及壳聚糖生产的有关数据做对照。

湖北省潜江市华山水产食品有限公司甲壳素生产物耗/能耗　　　　表 4-4

序号	指标名称	现场验证期间消耗量(72h)		吨产品消耗量	
		单位	数量	单位	数量
1	虾壳	t	220	t/t	22
2	燃煤	t	10.2	t/t	1.02
3	片碱	t	5.5	t/t	0.55
4	盐酸	t	50	t/t	5
5	耗电量	kW·h	7000	kW·h/t	700
6	新鲜水耗	m³	4000	m³/t	400

扬州鸿信生物制品有限公司甲壳素生产物耗/能耗　　　　表 4-5

序号	指标名称	现场验证期间消耗量(72h)		吨产品消耗量	
		单位	数量	单位	数量
1	虾、蟹壳	t	225	t/t	25
2	燃煤	t	9.9	t/t	1.1
3	片碱	t	4.5	t/t	0.45
4	盐酸	t	50.80	t/t	5.65
5	耗电量	kW·h	6480	kW·h/t	720
6	新鲜水耗	m³	3420	m³/t	380

以上两家生产甲壳素的公司，原料消耗和能耗量接近，盐酸一次投加量都很大，扬州鸿信生物制品有限公司的盐酸投加多些，据分析是因为蟹壳原料中含钙高。湖北省潜江市华山水产食品有限公司的片碱投加量大，据分析是因为其用小龙虾食品加工后的虾壳为原料，而小龙虾壳带有虾头和虾腿，蛋白质含量高，因此脱蛋白质用碱要多（见表 4-4、表 4-5）。

以湖北省潜江市华山水产食品有限公司为例，对其三个主要产品的原料消耗、能耗进行对比（见表 4-6）。对比表明，甲壳素生产的主原料（小龙虾壳）、盐酸、新鲜水消耗量远大于壳聚糖与氨糖生产，生产工艺过程提取甲壳素后，根据物料平衡、水平衡分析，投入物料大部分随废水排放；壳聚糖生产用片碱多，但现有生产工艺碱可回收，而甲壳素生产碱也随废水排放。甲壳素生产用水主要用于清洗酸/碱反应的物料，然后排放。综上分析，甲壳素生产原料耗用多、流失多，是治理甲壳素行业水污染的重点。

三类产品主要物耗与能耗指标对照　　　　　　　　　　　　　　　表 4-6

指标名称	单位	吨产品耗量		
		甲壳素	壳聚糖	氨糖
主原料	t/t	虾壳	甲壳素	甲壳素
		22	1.45	2.0
盐酸	t/t	5	—	2.42
片碱	t/t	0.55	1.0	—
燃煤	t/t	1.02	0.57	1.88
耗电量	kW·h/t	700	70	1050
新鲜水耗	m³/t	400	1.0	2.7

3. 甲壳素生产废水的污染物特征识别

1）废水污染物监测

甲壳素生产废水污染物性质与甲壳素的生产工艺（包括所用原料及其成分）有关。甲壳素生产工艺大量使用酸、碱，图 4-8 反映了山东某甲壳素公司的酸浸和碱煮生产情况。生产过程所排放的酸性和碱性两股废水量大、污染重，是甲壳素行业的主要污染源头。值得注意的还有碱煮液与酸浸液，规范操作应反复套用，即每次酸、碱反应后补充新酸、碱再用，一般为 2～4 次，最终须排出，这部分废水量较洗涤废水少但浓度很高。为取得系统的污染数据，在现场调研过程中课题组深入企业生产线分别对酸浸液、碱煮液和排放的酸浸洗涤废水、碱煮洗涤废水进行监测。监测的污染物指标有 COD、总氮、氨氮、总磷、氯化物、重金属及蛋白质等。

（1）酸浸洗涤废水的成分分析：目前企业都用盐酸脱钙，盐酸脱钙工序的反应方程式为：$CaCO_3 + 2HCl = CaCl_2 + H_2O + CO_2$。

盐酸浸泡原料，脱除以 $CaCO_3$ 形式存在的钙，反应生成易溶于水的 $CaCl_2$，故酸浸液和废水中钙离子、氯离子含量很高，并有部分溶解的肉质、油脂及原料本身带入的杂质。脱钙反应后酸浸原液呈强酸性，废水也呈酸性。

（2）碱煮洗涤废水成分分析：碱煮水解反应脱原料的蛋白质，反应后碱煮液中含有大量的可溶性蛋白质和氨基酸以及含大量色素、油脂的蛋白质；碱煮液残留烧碱浓度可高达 3%～4.5%，反应后（甲壳素）物料经洗涤，排放的废水呈碱性，污染物 COD、总氮（其中以凯氏氮为主）、氨氮、总磷、SS 浓度高，且废水的色度高（黑褐色），碱煮洗涤废水是污染物含量最高的一股废水。

表 4-7 列出了课题组在湖北省潜江市华山水产食品有限公司的监测结果，包括酸碱处理虾壳排放的洗涤水及原液的主要污染物浓度。湖北省潜江市华山水产食品有限公司加工小龙虾食品产生的虾壳蛋白质含量较一般虾、蟹壳高，故公司采取"先碱后酸"工艺，先脱除蛋白质。经碱煮的虾壳带入有机物，因而酸浸液、废水中都有 COD、氨氮等污染物，但浓度较碱煮液要低。

湖北省潜江市华山水产食品有限公司甲壳素生产废水污染物浓度一览表　　表 4-7

废水类型	pH 值	COD (mg/L)	氨氮 (mg/L)	总氮 (mg/L)	总磷 (mg/L)	氯化物 (mg/L)	悬浮物 (mg/L)	钙离子 (mg/L)	色度 (稀释倍数)	BOD (mg/L)
碱煮液	12.7	82160	178.6	7340	512	—	510	—	1600	18000
碱煮后第 1 次洗涤水	9.9	9605	15.8	702	53.1	—	1810	—	640	3520
碱煮后第 2 次洗涤水	10.96	6035	4.2	638	41.7	—	1350	—	800	2140
酸浸液	0.13	20884	305.7	956	2055	11687	4630	9521	400	12100
酸浸后第 1 次洗涤水	3.10	4640	44.45	176	195	8804	2464	6531	320	1860
酸浸后第 2 次洗涤水	5.16	4062	6.07	26.4	27.6	3321	715	2156	160	760

(a)　　　　　　　　　　　　　　　　(b)

图 4-8　山东某公司的甲壳素生产

（a）酸浸车间；（b）碱煮罐

2）废水排放量监测

甲壳素生产废水排放量监测有一定难度，但可从较容易测定的酸碱处理物料的洗涤用量水来推算。建有污水处理设施的企业酸碱两股废水混合，在处理站进水口监测废水排放量，按生产 1t 甲壳素推算，约为 $400m^3$。宁波大学和浙江丰润生物科技股份有限公司报道的数据是：日产 1t 甲壳素，需排放 $400\sim1000m^3$ 废水。实际情况是废水排放量的多少还与企业设备及管理水平有关，土法生产的露天酸碱浸泡作业（见图 4-2）采取"长流水"洗涤方式，排水不加控制，废水排放量高达 $1000m^3$ 是可能的；更大的问题是，土法生产的酸浸液、碱煮液往往不加回收，故排放废水浓度较正常情况下的洗涤废水浓度要高。

4.5　甲壳素行业污染治理：现状及评估

4.5.1　生产废水的处理

甲壳素生产废水的排放强度（污染物性质、浓度与水量）大，其他产品如氨糖、壳聚糖生产的废水排放量较少，此外还有原料和车间清洗污水等，几股废水混合排放在工厂总排出口监测水质。已建污水处理站的在废水进水口监测水质（见图 4-9）。

(a)　　　　　　　　　　　　　　(b)

图 4-9　江苏某企业的生产废水排放与处理
（a）生产废水排入进水池；（b）污水处理池一角

1. 废水的性质与废水可降解性分析

就三个典型企业的水质监测结果列出几项主要污染物指标（见表 4-8）。其中，浙江海圣医疗器械有限公司与扬州鸿信生物制品有限公司均生产甲壳素，浙江金壳生物化学有限公司不生产甲壳素（外购氨糖与壳聚糖系列产品生产所需的甲壳素原料）。监测数据显示，前两家生产甲壳素的企业废水污染物（COD、总氮、氨氮、钙离子）浓度要高得多；浙江金壳生物化学有限公司废水中的氯离子来源于氨糖生产。根据水质监测结果，就甲壳素生产废水的性质与废水可降解性分析如下：

部分企业污水处理站进水水质监测结果 （mg/L）　　　　　　表 4-8

企业	COD	氨氮	总氮	氯离子	钙离子	全盐量
浙江海圣医疗器械有限公司	16220	30.0	40.2	4886.5	4276.8	8000
扬州鸿信生物制品有限公司	15565	33.3	49.1	6632.3	2339.3	10940
浙江金壳生物化学有限公司	8192	21.5	28.9	4434.8	98.2	6180

1）甲壳素生产废水的性质：酸、碱处理排放的两股废水，突出的污染物是 COD、总氮及氨氮，COD 在 10000mg/L 左右，故属于高浓度有机废水；因酸浸洗涤废水中氯离子与钙离子含量很高，故废水的盐分高，属于高盐分高浓度有机工业废水，可生化性较差。

2）废水可降解性分析：工业废水处理通常采用微生物降解有机污染物，但甲壳素废水中的氯离子对微生物有抑制作用，有关污水处理技术规范如《室外排水设计规范》GB 50014—2006（2016 年版），对生物处理构筑物进水的氯化钠浓度限值为 4000mg/L；氯离子对厌氧生物系统同样有干扰，有研究结果指出重度抑制（日进水）氯离子浓度为 4260mg/L。此外，因酸处理脱钙废水中含有高浓度钙离子，也会对活性污泥系统产生干扰。因此，用常规的生化法处理甲壳素生产废水，上述不利因素都会影响到有机污染物（COD、BOD）和总氮/氨氮的去除效率。类似工业废水处理的难题在医药、食品（如味精）、制革等工业都不同程度存在。

2. 关于废水处理的达标问题

1) 有关排放标准：我国目前尚未制定甲壳素行业的污染物排放标准，企业治理废水一般应参照《污水综合排放标准》GB 8978—1996 执行，有部分省颁布了地方排放标准，如江苏省有更严的污水排放标准《太湖地区城镇污水处理厂及重点工业行业主要水污染物排放限值》DB 32/3072—2007，限于太湖流域。有的地区设"间接排放"（排污单位向公共污水处理系统排放水污染物）标准，对位于（已建污水处理设施）工业园区内的甲壳素企业排放限值适当放宽。浙江、江苏这类工业园区较多，但对企业排放监管不能放松，浙江省还制定有类似地方标准《工业企业废水氮、磷污染物间接排放限值》DB 33/887—2013，对工业废水设定氮、磷的间接排放浓度限值。

2) 达标可能性：按《污水综合排放标准》GB 8978—1996 要求处理，其中主要指标 COD：100 mg/L（一级），300mg/L（二级）；氨氮：15mg/L（一级），25mg/L（二级）。据上述甲壳素生产废水可降解性分析，按常规处理技术一级标准达不到，达到二级标准在技术上也有较大困难；此外，甲壳素废水呈黑色（见表4-7与图4-9），要处理到二级标准（稀释倍数：80）很困难。

3. 高盐分有机废水的处理技术

根据甲壳素行业的高浓度有机废水特征，首选的是生化处理工艺，通常采用厌氧-好氧、兼氧-好氧，但废水中盐分高，存在氯离子的干扰，常规的生化处理工艺不适用。应对高盐分高浓度有机废水，不同的行业都有一些较成熟的处理工艺以及有应用潜力的技术。简介如下：

1) 物理-化学法：投加化学药剂（混凝剂、絮凝剂）的混凝沉淀法是最常用的；其中还有电化学法，由于在高浓度可溶性无机盐存在的条件下，废水具有较高的导电性能，这个特点使得电化学法处理高盐分有机废水成为可能。这类方法有电解槽、铁碳内电解（通常以铸铁屑与活性炭作为填料）。印度科研人员采用电化学法处理制革行业高盐分有机废水，研究了废水 pH 值、盐含量和电流密度等参数对 COD 和凯氏氮去除率的影响，实验结果表明当电流密度 $= 0.024A/cm^2$、废水 pH$=9$ 时处理效果最佳。

2) 微生物法：主要是采用驯化耐盐微生物，在好氧活性污泥或生物膜（生物转盘、生物滤池）反应系统中进行。在有机物浓度高的情况下必须要用到厌氧消化，这方面的应用研究相对较少，但近十年也有在海洋水产品加工废水处理工艺中［如厌氧生物滤池、升流式厌氧污泥床（UASB）等］驯化耐盐微生物的实例。除驯化耐盐微生物外，还有接种嗜盐菌方法，国外文献报道嗜盐菌系统有利于提高 COD 去除率，且耐冲击负荷。

3) 物化/生物组合法：①化学絮凝沉淀（或气浮）预处理技术，组合生物（厌氧、好氧等）处理系统，在工业废水的处理中普遍应用。物化处理的效果很大程度上取决于化学药剂——混凝剂、絮凝剂，市场现售的混凝剂、絮凝剂种类繁多，以各类聚合物为主，传统的无机药剂有聚合铝、聚合铁等，有机药剂有 PAM（聚丙烯酰胺）等，需经科学实验筛选使用。脱钙和脱蛋白质过程产生的废水中含有大量悬浮固体（SS），物化处理通过等电沉淀、颗粒物架桥-聚合原理，以去除废水中的 SS 及 COD 为目的。中国污水处理工程网（2018-12-07）发布的一项"甲壳素废水处理技术"称：先将酸碱洗废水分别贮存，通过流量控制调节综合废水 pH 值，依次进行蛋白质等电点凝聚、絮凝沉淀、调节预曝气、A/O 生化降解、二次沉淀，达标后排放，并可回收蛋白质。②高级氧化技术一般是用于深度（三级）处理的物化技术，重庆某化工厂将其用在生化处理前。该工厂排放的高盐分高浓度有机生产废水，先采用 Fenton 高级氧化技术处理，再进入水解酸化→厌氧接触→接触氧化的生化系统。Fenton 高级氧化法可将难降解的大分子有机物分解成小分子，提高废水的可生化性。据重庆市环境监测中心验收监测，最终处理出水污染物（最大日平均浓度）为：COD_{Cr} 236mg/L，氨氮 4.6mg/L。

4. 企业污水处理设施的建设与运行状况

1）设施建设情况：根据课题组调研阶段所见，上述十多个企业里有近一半未建（或正在施工）污水处理设施，已建的污水处理设施较简陋，能维持运行的不多，距离达标、通过环保验收还有较大距离。这些反映出企业"重生产轻环保"的观念在甲壳素行业内仍存在，如浙江某甲壳素公司，企业规模不小，产品系列也不少，与生产设施对比环保设施建设投入明显不足，污水处理设施建设因陋就简，据环保部门反映，还经常处于停运状态（见图 4-10）。

(a) (b)

图 4-10　浙江某甲壳素公司污水处理站
(a) 污水处理设施简陋；(b) 好氧曝气池未工作

江苏的一些甲壳素企业情况要好些，如扬州日兴生物科技股份有限公司已建成污水处理站并已运行，已建设施比较完整，具备全厂废水混合调节池（石灰调中性）、化学絮凝-沉淀池、厌氧好氧生化处理系统。但运行不正常，存在技术和管理问题。另外，该公司属高邮镇工业园区企业，但因工业园区至今未建设园区综合污水处理厂，企业须按国家排放标准处理生产废水，从现状看很难达标。

调研情况反映，为数不多的企业在废水处理站工艺设计和设施建设上做得较好，又能维持正常运行，以下介绍两个公司：

（1）浙江金壳生物化学有限公司：该公司是行业内氨糖和壳聚糖生产大企业，已建有处理能力为 $25m^3/d$ 的污水处理站。该公司不产甲壳素，故进水污染物浓度较生产甲壳素的要低，但仍属于高盐分高有机物废水（见表 4-8），废水量不大。厂内氨糖、壳聚糖生产工艺废水和生活污水等全部接入调节池；废水经调节池水量、水质均质后进入后续处理单元。采用的废水处理工艺为：物化混凝沉淀（去除部分蛋白质等 SS）→厌氧水解池→接触氧化池→好氧 MBR 池（膜生物反应器）。

（2）扬州鸿信生物制品有限公司：与浙江金壳生物化学有限公司不同，该公司自产甲壳素，故生产废水排放强度（浓度、水量）大。该公司在环保设施建设上投入不少资金，已建成设施比较完整、日处理能力 800m³ 的污水处理站（见图 4-11），是课题组调研的企业中建成规模最大的一个。污水处理站采用的工艺：中和调节池→絮凝沉淀池→UASB→一级 A/O 生化池→二级 A/O 生化池→二沉池。

（a）   （b）

图 4-11　　扬州鸿信生物制品有限公司的污水处理站

（a）活性污泥曝气池；（b）UASB 厌氧处理装置

2）设施运行情况评估：以上两个企业在处理工艺设计上结合甲壳素生产废水的特点，采用中和调节、絮凝沉淀的前处理，这对后续的厌氧、好氧生物处理十分必要；对于生化处理工艺，扬州鸿信生物制品有限公司在好氧阶段采取 A-O 系统的反硝化脱氮措施，浙江金壳生物化学有限公司采用较先进的膜生物反应器，与常规活性污泥法相比，具有一定优势。从水质监测情况来看，主要污染指标（COD$_{Cr}$、SS、氨氮、凯氏氮）去除率较高，处理效果在调研企业中属好的，但要达到《污水综合排放标准》GB 8978—1996 的二级标准有相当困难，扬州鸿信生物制品有限公司污水处理站出水 COD$_{Cr}$ 均值在 400mg/L 左右，色度也高（呈黑褐色），水质不够稳定。

3）设施建设投资与运行费用：因污染负荷高（高浓度、高盐分，废水量大），所以甲壳素废水处理设施投资较高，尤其是厌氧系统部分。吨水投资方面，与一般城市污水处理厂建设相比要高得多。据已建污水处理站的几个企业提供的情况，吨水投资在 1 万～2 万元，如扬州鸿信生物制品有限公司污水处理站日处理能力 800m³ 的投资费用在 1000 万元以上。运行成本方面，增加了 pH 中和、混凝沉淀的化学药剂的费用，在上述（物化、生化）二级处理的情况下，吨水运行成本要到 4～5 元；一个日产吨甲壳素的企业（日排放废水量 400m³）要维持废水处理设施运行，吨产品（甲壳素）的成本需增加近 2000 元。如为达到《污水综合排放标准》GB 8978—1996，需再上三级处理措施（如高级氧化、膜分离技术），设施建设投资与运行费用还要大幅度增加。

4.5.2　废气与固体废物污染治理

1）盐酸雾和碱蒸汽：甲壳素生产过程排放的盐酸雾和碱蒸汽是大气环境主要污染源头，不加收集处理任意排放还有违于国家劳动卫生法规。解决的首要途径是治理无组织排放、土法生产、露天作业、酸气和碱雾弥漫的情况不容许继续存在。治理措施包括：酸浸和碱煮两道工艺须用（密闭）反应槽罐，再加装集气管收集废气（用风机）送入处理装置。废气净化通常都用吸收塔，其主要形式有洗涤塔、泡沫塔、填料塔、斜孔板塔、湍球塔等；填料塔是最常用的，塔内气体与液体应有足够的接触面积和接触时间，因此填料必须具备较大的比表面积，有较高的空隙率、良好的润湿性和耐腐蚀性。对于吸收液，盐酸雾用碱液吸收，常用的吸收中和液有 10％的 Na_2CO_3 或 4％～6％的 NaOH 及 NH_3 的水溶液，塔体上部喷淋碱性吸收液，酸性气体送入塔体下部与喷淋的碱性吸收液呈逆流流动；碱雾则用水或酸液（10％的 H_2SO_4）吸收，后者吸收效果好。湖北省潜江市华山水产食品有限公司的吸收塔，为盐酸气用两级吸收塔，去除率可以达到 95％以上。甲壳素企业废气治理，相对于废水处理，在技术上难度并不大，企业首要的是要改造粗放生产方式。甲壳素酸碱反应能做到槽罐密闭生产，设置废气收集与净化装置，图 4-12 为湖北省潜江市华山水产食品有限公司的废气治理设施。

2) 恶臭污染：其来源有多个，如酸碱气体、污水处理等，但主要还是来自虾、蟹壳原料。因原料大多是从水产加工点直接收集而来，未经任何处理运输到仓库、生产车间，在该过程中虾、蟹壳难免发生腐臭，运输及加工做不到在封闭状态下进行，故恶臭具有大气面源污染特征，难以收集处理，已成为甲壳素行业的环境特征污染，目前大部分企业没有有效的治理办法。湖北省潜江市华山水产食品有限公司是个例外，因其原料（小龙虾壳）来源于本厂，能及时加工，避免了变质腐臭。另外，已有部分企业进口欧美等地的虾、蟹壳，从外观看，质量较好（袋装并基本处于绝干状态）。就此而言，我国的行业里也需要有像国外那样从事甲壳素原料初加工的企业，进行分选、干燥、包装等业务，这样做一方面有利于提高甲壳素原料的质量，另一方面可以从源头避免恶臭。

从企业的恶臭扰民案例分析，目前恶臭问题应该"以防为主"，按建设项目的环评，从选址、确定卫生防护距离和大气环境防护距离着手，而且从产业性质来说，甲壳素企业应该按化工企业的要求入工业园区，不得在居民区设厂，避免恶臭扰民。

(a)   (b)

图 4-12　湖北省潜江市华山水产食品有限公司的废气治理设施

(a) 碱煮罐——具备碱雾收集；(b) 酸雾吸收塔

3）固体废物。主要是氨糖脱色产生的废活性炭，废活性炭是可再生利用的，一般采用蒸汽加热（120℃以上）工艺进行再生，还有所谓的高温"再活化"（加热到750～950℃）再生，该过程能破坏活性炭吸附的有机化合物并恢复活性炭的吸附能力，再生能力较强，但是否适用于氨糖脱色产生的废活性炭，目前还没有实例。再生企业需要添加再生炉等设备，或委托专业公司进行处理，都要增加成本。有关废活性炭的最终处置问题，如前所述（见4.4.4节），企业须首先按地方环境部门要求，按照国家规定的危险废物鉴别标准和鉴别方法，认定其是否属于危险废物。

4.5.3　评估意见与建议

1）甲壳素行业虽经几年的整合和产业结构调整，但环保欠账多，污染治理步子慢。在环境监管比较严的地方，企业环保投入多些，环境状况好些，但总的来说，资源高消耗、污染重的面貌未根本扭转；对于甲壳素的生产，多数企业生产设施较简陋，仍有作坊式土法生产的企业存在，废水、废气排放不加控制。

2）整个甲壳素行业的污水处理率低，废水处理设施建设投资与运行费用高，使企业在污染治理上驻足不前。调查发现，部分企业所在地的环保主管部门监管不到位，至今仍有无废水处理设施或简陋设施成"摆设"的企业在生产。这种状况亟待改变，加强环境监管、发挥当前环保压力形成的"倒逼机制"作用，同时也有利于推动甲壳素行业的进一步整合和产业升级。

3）由于甲壳素生产废水成分复杂、浓度高、进水水质不稳定，目前能较有效运行废水处理设施的企业很少。在技术层面，需要在更多企业的运行基础上总结、提升甲壳素废水治理技术；在运行管理方面，因处理工艺流程和处理单元多，企业废水处理较城市污水处理的难度要大，目前在废水处理设施运行管理上，企业应配置有经验的专业技术人员。

4）根据行业生产工艺和产品特点，国家有关部门应制订甲壳素行业的污染物排放标准。行业型排放标准体系的设置，起到引导生产工艺和污染治理技术发展方向的作用，对推动行业经济结构调整、促进经济与环境的协调发展发挥了作用，也适应环境监督执法和管理工作的需要。

5）生产管理粗放，尤其是甲壳素生产，车间跑冒滴漏现象常见，酸、碱等物料流失，带来废水高污染负荷、高排放，这是甲壳素企业污染治理不能达标排放的重要原因。企业要环保达标，首先要搞好源头治理，通过生产工艺革新，加强管理，节约和回收资源，达到污染减排效果。

4.6　甲壳素行业清洁生产：现状与评估

4.6.1　清洁生产有关的国家法规

1）我国从2003年开始实施《中华人民共和国清洁生产促进法》（2012年修订），主要目的是控制工业生产过程中污染物的产生，使之尽可能地减少到最低水平的前提下，再进行末端治理；引导物耗能耗的降低、单位产品污染物产生量的降低和废物的资源化利用。

2）为开展清洁生产提供技术支持与导向，由国家发展和改革委员会与原国家环境保护总局陆续发布重点行业"清洁生产评价指标体系"，提出清洁生产定量和定性的评价指标，选取行业有代表性的体现"节能""降耗""减污"和"增效"等有关清洁生产最终目标的指标；原国家环境保护部组织重点（资源消耗大、环境污染重）行业的"清洁生产标准"制定工作，执行标准的主要目的是控制生产过程中污染物的产生，使之尽可能地减少到最低水平的前提下，再进行末端治理。为规范各行业清洁生产标准编制、加快建立和完善清洁生产标准体系，2008年制定了《清洁生产标准 制订技术导则》HJ/T 425—2008。

3)《中华人民共和国清洁生产促进法》提出对污染企业开展清洁生产审核工作。清洁生产审核，是指按照一定程序，对生产和服务过程进行调查和诊断，找出能耗高、物耗高、污染重的原因，提出减少有毒有害物料的使用、产生，降低能耗、物耗以及废物产生的方案，进而选定技术经济及环境可行的清洁生产方案的过程。2004年，国家发展和改革委员会与生态环境部出台《清洁生产审核办法》，提出清洁生产审核分为自愿性审核和强制性审核，国家鼓励企业自愿开展清洁生产审核；并实施强制性清洁生产审核，应实施强制性清洁生产审核的是：污染物排放超过国家和地方排放标准，或者污染物排放总量超过地方人民政府核定的排放总量控制指标的污染严重企业。2009年，原国家环境保护部编制了《清洁生产审核指南 制订技术导则》HJ 469—2009等技术标准。

4.6.2　甲壳素行业清洁生产主要指标

国家已制定了几个重点污染行业"清洁生产评价指标体系"和行业"清洁生产标准"，但目前尚未对甲壳素行业制定相关评价指标体系和标准。根据已制定的相关行业的评价指标体系和标准，针对甲壳素行业环境污染特点，企业开展清洁生产应以源头治理污染为重点——"减污""降耗"，当然还应体现"增效"。

在清洁生产定量评价指标方面，甲壳素行业有其特殊性——企业的原料渠道各异，同一种产品（甲壳素）的生产原料（废虾、蟹壳）种类及来源差别大；而为保证产品产率及质量，各企业的生产工艺在物耗（如酸碱用量）、能耗方面都有所差别，因此对于物耗、能耗等指标，行业内设定统一的定量评价指标未必行得通。对于每个企业而言，可以根据自身情况设定物耗、能耗、水耗等指标作为企业内部考核标准，这也是开展清洁生产审核的前提。主要指标有：

1) 资源利用指标——指在正常的生产工艺中，生产单位产品所需的物耗、新鲜水量，以及水、能源和物质利用的效率、重复利用率等反映资源能源利用效率的指标。

2) 废物回收利用指标——指反映生产过程中所产生废物可回收利用特征及废物回收利用情况的指标，如废物利用的比例、途径和技术，以及利用废物生产高附加值产品的废物利用比例等。

3) 污染物产生指标——（末端处理前）包括废水产生量、废气产生量和固体废物产生量等指标。

4) 生产工艺与装备——指对产品生产中采用的生产工艺和装备的种类、自动化水平、生产规模等方面的要求。

4.6.3　行业开展清洁生产状况：典型案例与评价

甲壳素行业开展清洁生产状况如何？从课题组调研情况来看，清洁生产尚处于初级阶段，没有企业经过清洁生产审核，对于多数企业来说清洁生产还是一个较陌生的概念。课题组在对企业清洁生产的现状进行调研时，参考其他相关行业重点调研了污染物产生源头、资源消耗与流失，以及企业资源回收利用开展情况；并在调研分析的基础上，挖掘企业开展清洁生产的潜力，促进污染源头控制与减排，为企业的清洁生产审核以及全行业制定"清洁生产评价指标体系"与"清洁生产标准"等工作打好基础。

1. 资源有效利用与废物回收

以水产品加工废物（废虾、蟹壳）为原料生产甲壳素，已成为水产品加工行业践行清洁生产的典范。对于甲壳素生产来说，虾、蟹壳中有效成分甲壳素提取后，如何从源头（脱蛋白质/脱钙质生产工艺）回收资源、削减污染，是实行清洁生产的新课题。

1）蛋白质回收受重视

企业在资源回收利用方面，首先重视的是甲壳素原料中的蛋白质回收。虾、蟹壳来源多样，蛋白质含量视虾、蟹品种和水产加工情况而不等。蟹壳蛋白质含量低些，虾壳蛋白质含量一般在20％以上。如壳原料带有加工剩余的肉质，则蛋白质含量可高到40％。虾壳蛋白质回收目标是用于做食品，或（杂质多的）做动物饲料。

国外在这方面的研究成果多有报道，如在用有机酸（乳酸）生物提取甲壳素的同时得到优质蛋白质和虾青素（见2.1.3节）。国内这方面的研究试验可借鉴的有：

（1）中山大学生命科学院等以斑节对虾（Penaeus monodon）壳为原料（化学法）提取甲壳素：碱煮脱蛋白质后过滤，滤液用盐酸调节至pH＝2～3，蛋白质沉淀析出、过滤收集、干燥即得到蛋白粉。

（2）刘汉文等人以小龙虾壳为原料（化学法）生产甲壳素，处理生产废水采用壳聚糖作絮凝剂将蛋白质与虾青素絮凝沉淀，试验表明：调节pH值为4.0，每升废水中添加80mL 1％壳聚糖乙酸水溶液，静置2h，絮凝物中蛋白质回收率达88.6％。然后提取虾青素，采用水解度最高的风味蛋白酶酶解壳聚糖絮凝物，用二氯甲烷作为萃取剂，重复萃取多次至上清液无色，真空水浴加热回收二氯甲烷，再用乙醇溶解沉淀物，用盐酸调节pH值沉降虾青素，真空干燥，虾青素提取率可达4.49％。该研究的特点是采用壳聚糖作絮凝剂，无毒、无味，有别于其他絮凝剂，回收的蛋白质、虾青素质量都不错。

（3）赵黎明完成的"甲壳素生产废碱液双膜耦合碱回收技术"研究：对甲壳素生产（分别以蟹壳与虾壳为原料）过程中碱煮脱蛋白质产生的废碱液进行处理，采用双膜（不锈钢超滤膜和耐碱纳滤膜），回收碱液和蛋白质浓缩物，结果显示：虾废碱液碱浓度为3.4％（质量比），总蛋白质含量为1.7％（质量比）；蟹废碱液碱浓度为4.0％（质量比），总蛋白质含量为4.32％（质量比）。两种废碱中蛋白质的氨基酸齐全，碱的回收质量符合标准。纳滤膜用清水冲洗即可完全恢复通量。该研究解决了甲壳素生产过程中污染很重的碱煮废液排放问题，能减少排放90％。

2）企业回收蛋白质的实例

从调研情况来看，已有部分企业在原料回收、资源循环利用方面下功夫，从源头减少了污染排放，并取得了可观的经济效益，体现了清洁生产理念。湖北省潜江市华山水产食品有限公司在原料的蛋白质回收上成绩显著。该公司的水产品之一是小龙虾虾仁（出口产品），加工需要剥离虾仁产生大量废虾壳，公司自成功开发甲壳素生产后，原来难以处置的固体废物成为甲壳素系列产品的原料。小龙虾的特点是虾仁在整虾中只占小部分，剩余部分（包括虾头、虾钳和虾腿）的重量要占到78%，而虾头与虾钳、虾腿中肉质较多，故用小龙虾壳生产甲壳素，其中一个难点在于小龙虾壳上肉质蛋白质多，公司为此调整甲壳素提取工艺为"先碱后酸"，并需增加碱煮投加的片碱量，而且排放的废水污染负荷要高，因为肉质（蛋白质）经水解会进入废水（COD高）。图4-13显示小龙虾的体形与甲壳素生产线虾壳在传送带上的情况。

（a）   （b）

图4-13 小龙虾与甲壳素加工传送带上的虾壳
（a）小龙虾；（b）甲壳素加工传送带上的虾壳

2010年湖北省环境科学研究院和武汉大学在湖北省潜江市华山水产食品有限公司开展甲壳素清洁生产科研专项，针对小龙虾肉质蛋白质多的特点，回收蛋白质资源，并达到污染减排的目标。协作开发虾壳与肉质蛋白质分离的新工艺，组织攻克甲壳素生产过程中蛋白质回收，工艺简述如下：

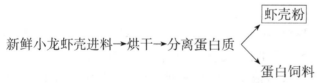

虾壳从公司的（虾仁）食品车间直接送入蛋白质回收车间，通过专用烘干与蛋白质分离设备加工，并分离出蛋白质（见图4-14）；蛋白质作为鱼饲料，公司已作为商品出售。目前公司采用这项工艺已形成规模生产，年处理小龙虾壳10万t。制取的虾壳粉送甲壳素提取工段，5t虾壳粉（鲜虾壳20t）可制成1t甲壳素。虾壳原料中所带的肉质蛋白质分离后生产甲壳素，直接的效果是碱煮用的片碱量较之前大幅度减少（减少约80%）。在污染减排方面，因用碱量减少、蛋白质去除，碱煮工段的废水排放浓度和废水量相应减少，具体的环境效益还有待进一步评估。

3）其他原料的回收

（1）乙醇回收：乙醇是氨糖生产的主要原料之一，在氨糖纯化工序用大量乙醇洗涤氨糖粗制品。回收乙醇能降低生产成本，减少乙醇废气排放，回收的乙醇可再用于生产。乙醇回收已在氨糖生产企业普遍采用。乙醇回收装置见图4-15。

（2）酸、碱的回收：酸和碱是甲壳素企业生产甲壳素、壳聚糖、氨糖的重要原料（用量情况见表 4-6）。减少酸、碱的流失（随污水排放），是企业实施污染源头减排的重点。甲壳素、氨糖和壳聚糖生产工艺都产生废酸液、废碱液，一般企业单独处理、处置的很少，都与生产废水混合后排放。从调研情况来看，目前已有企业采取了一些行之有效的措施。

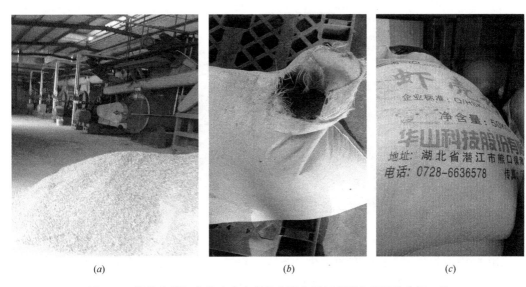

| (a) | (b) | (c) |

图 4-14　湖北省潜江市华山水产食品有限公司虾壳蛋白质回收车间一瞥
（a）蛋白质分离设备与干虾壳成品；（b）蛋白质饲料；（c）虾壳粉

| (a) | (b) |

图 4-15　湖北省潜江市华山水产食品有限公司氨糖生产线的乙醇回收系统
（a）乙醇回收系统槽罐；（b）乙醇蒸气回收塔

　　①碱回收。壳聚糖生产，在碱蒸脱乙酰基工序采用高浓度（40%～50%）碱液，完成反应后碱液（补充一定量的碱后）套用循环多次，然后排出。因烧碱售价较贵，企业一般

要回收利用，比较简单的做法是将（浓度有所降低）碱液用到甲壳素生产的原料碱煮工段，碱煮所用碱液浓度较低（5％～8％）。部分企业还增加了专用设备回收碱蒸脱乙酰基工序排出的碱蒸气，冷凝后回用（见图4-16）。

图 4-16　碱蒸气回收装置

②废酸液回收利用。目前在氨糖生产方面取得了一定进展：甲壳素在高浓度（30％）盐酸中进行水解反应，反应完成后将水解结晶离心分离，母液（酸液）经一定次数套用后排出，废酸液浓度有所下降，但能满足甲壳素生产脱钙的要求，可用于酸浸工序。有些企业还采用减压蒸馏装置浓缩母液而回用于氨糖生产的水解反应，不过要增加些能耗。

总的来看，企业在酸、碱废液的处理回收方面措施并不多，但在壳聚糖生产的废碱液回收技术方面有较多研究，其中两项技术值得向企业推荐：

① 曾德芳等人报道了一项综合利用技术：将壳聚糖生产的废碱液与生产甲壳素排出的脱钙的废（酸）液混合，控制指标主要是 pH 值（pH＝12），混合产生的 $Ca(OH)_2$（熟石灰）沉淀出来。此项技术得到的副产品有熟石灰和液体有机肥，其中熟石灰均匀细腻，不用筛渣就可直接用于各种建筑材料；中和后的上层溶液是一种含高蛋白质的有机肥，使用时根据不同作物的需要，用 5～10 倍的水稀释后便可使用，经山东青岛蔬菜基地试用后，其肥效与复合肥相当，但价格比复合肥低得多。这项技术的好处还在于可以消化掉甲壳素生产的（含钙）废酸液。

②甲壳素脱乙酰基反应会产生醋酸钠（NaAc），因此反应产生的高浓度废碱液中含有NaAc。周统武等人报道，利用醋酸钠这个副产品作为一种碱性物质，可生产一种新型防腐剂——双醋酸钠（SDA），分子式为 $C_4H_7NaO_4$。制备方法：含有 NaAc 的高浓度碱液（NaAc-NaOH），经脱色和浓缩后加入醋酸（HAc），使之完全中和，反应式为 NaOH＋HAc＝NaAc＋H_2O，NaAc 与剩下的 HAc 再反应可得到 SDA。

2. 清洁生产工艺与设备

1）清洁生产工艺

在甲壳素产品生产工艺方面向"绿色化、清洁化"方向发展，科技界进行了不懈探索，企业界也做了不少努力，主要表现在以下几个方面：

（1）甲壳素生产工艺绿色化是关注的重点，一些企业在保证产品产率及质量的前提下对传统的化学法做了改进，例如湖北省潜江市华山水产食品有限公司，根据原料特点采取先碱煮后酸浸工艺，改变了行业通常的先酸浸后碱煮的生产工艺。据研究分析，这样调整的优点是：完成碱脱蛋白质后，（虾、蟹壳的）蛋白质及其降解产物、油脂等被脱除，可大量减少酸浸废液中污染物含量，有利于后续的酸浸脱钙反应以及酸浸废液的处理回收；而碱煮废液分开单独处理，可回收蛋白质等资源。这样一来，企业的废水处理站进水主要是酸碱工艺物料的洗涤废水，COD 和氯离子含量都有显著下降，有利于企业生产废水的生化处理。

（2）"清污"分流。甲壳素、壳聚糖、氨糖生产过程中多有酸或碱的废液排出，将排放的物料（酸、碱处理）洗涤废水和废酸液、废碱液分流处理，并回收资源，如前所述，废碱液的蛋白质回收等，目前已有部分企业能做到。在甲壳素生产的废酸回收方面，还没有较好的案例。前述的将甲壳素生产的废酸与壳聚糖生产的废碱液混合，制成含钙复合肥，是简单易行的做法。

（3）甲壳素行业生产工艺的根本性革新在于传统的化学法提取工艺不用（或少用）酸和碱，应用生物法取代化学法从源头解决污染排放是甲壳素行业生产工艺革新的重要目标，国内外都为此做了大量研究，本书第 2 章已作综述。总之，不少实验结果（甲壳素/壳聚糖质量指标）还较理想，目前尚未达到工厂化生产的能力。但据目前的研究水平，在科研工作者的持续努力下，可以期待环境友好型生物法提取工艺不断地完善并有所突破。

2）清洁生产设备

随着甲壳素行业产业链延伸、产品高端化，这些年甲壳素企业在生产设备方面（尤其因氨糖等衍生物出口产品 GMP 等论证要求）引进了不少先进设备，资金投入很大。相比之下，甲壳素加工部分明显是短板，多数企业的酸碱反应设备因陋就简，敞开式、地坑式的都有。目前也有部分企业做得比较好，如湖北省潜江市华山水产食品有限公司，该公司自制的酸碱反应罐（见图 4-12）能收集酸、碱雾。但总体而言，调研所涉及的企业在甲壳素生产部分，除一般通用设备外，缺少定型的专用设备，为此建议行业（协会）内组织开展专用设备的定型设计，如酸碱反应罐、酸碱液回收装置等。碱反应罐结构比较复杂，国内已出现一些实用新型设计，中国污水处理工程网（2018-05-13）发布了一项实用新型甲壳素碱煮废水处理设备（IPC 分类号 C02F1/04），主要包括：①多效蒸发器系统，用以蒸发碱煮废水产出冷凝水和蛋白浓缩液；②除沫器，用以液沫进一步分离；③冷凝水收集系统，用以收集冷凝水；④浓缩液回收系统，用以回收蛋白质或制作有机肥。该新型设计体现了环保和资源回收的清洁生产概念。

4.7 甲壳素行业绿色发展的政策建议

我国的甲壳素产业从水产品加工的废虾、蟹壳提取甲壳素起家，20 世纪 80 年代在沿海地区兴起，随着天然高分子的甲壳素学科在国内外的开发、研究工作迅速进展，基于甲壳素/壳聚糖的衍生物不断开发，近年来以壳聚糖、氨基葡萄糖为代表的产品应用领域不断扩大，特别在医药、保健方面，促进了甲壳素产业链的延长，我国的氨糖等类产品占领国际市场的份额不断扩大，甲壳素在我国已形成了一个新兴行业。

甲壳素生产起始原料来自于（固体）废物，一开始就带绿色环保元素，但是甲壳素提取作坊式的生产方式，导致大量含废酸、废碱的污水排放以及生产场地恶臭严重；随着氨糖类产品市场需求旺盛，促使甲壳素产能无序扩张，而众多甲壳素土小企业起点低，工艺及生产设备简陋，无力治污，造成的环境污染日趋严重，甲壳素行业成了"污染大户"。21世纪初开始的"环保风暴"靠严格的环境法规及行政手段的倒逼机制，使大批土小企业关停，推动了甲壳素行业的整合，取得了污染减排初步效果，但要改变多年来以环境为代价的发展模式，使整个行业走上绿色发展的良性循环道路还任重道远。课题组在开展了为期一年多的企业调研和评估工作的基础上，提出以下几点政策建议：

1）以甲壳素生产为基础，推进全行业的清洁生产

甲壳素生产利用水产品加工废物变废为宝，特别是近年来小龙虾产业蓬勃发展，我们不堪重负生态环境新增大量固体废物的情况下，行业内出现了湖北省潜江市华山水产食品有限公司，开拓小龙虾壳生产甲壳素，年消化小龙虾壳10万t，在全行业里作出了表率。总之，以水产加工废虾、蟹壳为原料生产甲壳素，符合我国水产大国的国情，在今后相当长的时间内虾、蟹壳仍然会是最主要的原料。由于甲壳素基础原料的生产污染重、利润低，产能趋于萎缩，成为甲壳素行业发展的瓶颈。扭转这种状况，要靠清洁生产。实践表明，清洁生产能从源头削减污染、回收资源，企业的环境/经济效益明显改善。调研情况反映，甲壳素生产的源头治理、生产工艺"清洁化"和资源回收已经起步，并取得了初步成效，当前企业应按照《中华人民共和国清洁生产促进法》，参照相关行业的清洁生产审核指标体系，从生产工艺、物耗、能耗和污染物排放等方面提高清洁生产水平，逐步在全行业推行清洁生产审核制度。

2）提高行业环境准入门槛

甲壳素产业的总体发展水平不平衡，虽已有高端系列产品生产的工艺和设备，但作坊式的落后生产方式、逃避环境监管的土小企业仍然有生存空间。在产业政策方面，国家发展和改革委员会制定了"鼓励类""限制类"和"淘汰类"目录，关于甲壳素行业，将"甲壳素纤维"列入国家推动纺织产业结构调整和优化升级的"鼓励类"目录（见1.3.3节），而对"限制类"和"淘汰类"未做规定。有关部门应对行业落后工艺、设备列出"限制"或"淘汰"的清单，例如，对敞开式酸碱反应罐及未设废气收集系统的装置予以淘汰等；环境主管部门应加强环境监管，开展对企业清洁生产的审核，对污染重的甲壳素企业实行强制性审核，可以参照相关行业（如医药行业等）的清洁生产评价指标体系，审核生产工艺及装备指标、资源能源消耗指标、资源综合利用指标、污染物产生等量化指标和清洁生产管理指标。在全面开展企业清洁生产审核的基础上，为推动甲壳素行业的绿色发展，建议国家有关部门会同行业组织（目前尚待健全）对甲壳素行业清洁生产技术进行筛选，组织编制甲壳素行业的清洁生产技术导向目录*，不符合清洁生产技术的工艺、设备予以淘汰，引导企业采用先进的清洁生产工艺和技术，积极防治污染。

3）科学创新驱动，推动绿色发展

甲壳素科技集成度高，综合了化学、生命科学、微生物学、医学、材料学等学科，发展日新月异，是甲壳素行业发展的驱动力；国内已具有国际水平的天然高分子学科甲壳素的研究团队，通过产学研结合，新的甲壳素衍生物在医药、保健、日化、食品领域不断推

---

* 《中华人民共和国清洁生产促进法》第二章第十一条规定：国务院清洁生产综合协调部门会同国务院环境保护、工业、科学技术、建设、农业等有关部门定期发布清洁生产技术、工艺、设备和产品导向目录。

出新产品，推进产业链持续延长。在很多领域，以甲壳素/壳聚糖制成的绿色新材料取代了以化学合成的材料，如壳聚糖薄膜取代了难降解的塑料薄膜、环境友好型混凝剂/絮凝剂等。而用绿色科技改造甲壳素及其衍生物产品提取的努力持续进行，例如替代传统的化学提取工艺，不用（或少用）酸和碱方面的研究；微生物用于提取甲壳素等的研究方兴未艾；产学研合作攻关酶发酵法生物技术生产壳寡糖已取得突破，进入工业化生产阶段。但企业的科研力量还较薄弱，虽有个别企业和科研院所开展合作，但在绿色发展方面需要有全国性的行业协（学）会，联合高校、科研单位在生物、化工、环保领域的力量，建立开展行业可持续发展的产学研深度合作的平台。

参考文献

[1] Sandford P A. Advances in chitin science, volume VI [J]. Carbohydrate Polymers, 2004, 56 (1): 95.

[2] Harish Prashanth K V, Tharanathan R N. Chitin/chitosan: modifications and their unlimited application potential-an overview [J]. Trends in Food Science & Technology, 2007, 18 (3): 117-131.

[3] Telma T Franco, Martin G Peter. Advances in chitin and chitosan research [J]. Polymer International, 2011, 60 (6): 873-874.

[4] 蒋挺大. 甲壳素 [M]. 北京: 化学工业出版社, 2003.

[5] Roberts G A F. Chitin chemistry [M]. London: Macmillan Publishers Limited, 1992.

[6] 王爱勤. 甲壳素化学 [M]. 北京: 科学出版社, 2008.

[7] 杜予民. 甲壳素化学与应用的新进展 [J]. 武汉大学学报 (自然科学版), 2000, 46 (12): 181-186.

[8] Kaifu K, Nishi N, Komai T, et al. Studies on chitin: formylation, propionylation, and butyrylation of chitin [J]. Polymer Journal, 1981 (13): 241-245.

[9] Hirano S, Midorikawa T. Novel method for the preparation of N-acylchitosan fiber and N-acylchitosan-cellulose fiber [J]. Biomaterials, 1998 (1-3): 293-297.

[10] 马宁, 汪琴, 孙胜玲等. 甲壳素和壳聚糖化学改性研究进展 [J]. 化学进展, 2004, 16 (4): 643-653.

[11] Jayakumar R, Prabaharan M, Sudheesh K P T, et al. Biomaterials based on chitin and chitosan in wound dressing applications [J]. Biotechnology Advances, 2011, 29 (3): 322-337.

[12] 司徒文贝, 梁妍, 陈晓玲等. 交联壳聚糖薄膜及其水凝胶骨架片的制备与控释性能探讨 [J]. 现代食品科技, 2017, 33 (8): 155-160.

[13] Duan B, Chang C Y, Ding B B, et al. High strength films with gas-barrier fabricated from chitin solution dissolved at low temperature [J]. Journal of Materials Chemistry A, 2013, 1 (5): 1867-1874.

[14] Li L H, Deng J C, Deng H R, et al. Preparation, characterization and antimicrobial activities of chitosan/Ag/ZnO blend films [J]. Chemical Engineering Journal-Lausanne, 2010, 160 (1): 378-382.

[15] Duan B, Zheng X, Xia Z, et al. Highly biocompatible nanofibrous microspheres self-assembled from chitin in NaOH/urea aqueous solution as cell carriers [J]. Angewandte Chemie-International Edition, 2015, 54 (17): 5152-5156.

[16] 李霞, 王亚华, 闫天赐等. 粗毛豚草素壳聚糖微球的制备及体外抗肿瘤作用评价 [J]. 中国中药杂志, 2018 (13): 1-10.

[17] Zhang Y L, Tao L, Li S X, et al. Synthesis of multiresponsive and dynamic chitosan-based hydrogels for controlled release of bioactive molecules [J]. Biomacromolecules, 2011, 12 (8): 2894-2901.

[18] Ding B B, Cai J, Huang J C, et al. Facile preparation of robust and biocompatible chitin aerogel [J]. Journal of Materials Chemistry, 2012, 22 (12): 5801-5809.

[19] Peniche H, Peniche C. Chitosan nanoparticles: a contribution to nanomedicine [J]. Polymer International, 2011, 60 (6): 883-889.

[20] Sung H W, Sonaje K, Liao Z X, et al. pH-responsive nanoparticles shelled with chitosan for oral delivery of insulin: from mechanism to therapeutic applications [J]. Accounts of Chemical Research,

2012，45（4）：619-629.

[21] Huang Y，Zhong Z B，Duan B，et al. Novel fibers fabricated directly from chitin solution and their application as wound dressing [J]. Journal of Materials Chemistry B，2014，2（22）：3427-3432.

[22] Shalumon K T，Binulal N S，Selvamurugan N，et al. Electrospinning of carboxymethyl chitin/poly (vinyl alcohol) nanofibrous scaffolds for tissue engineering applications [J]. Carbohydrate Polymers，2009，77（4）：863-869.

[23] Yang X C，Chen X N，Wang H J. Acceleration of osteogenic differentiation of preosteoblastic cells by chitosan containing nanofibrous scaffolds [J]. Biomacromolecules，2009，10（10）：2772-2778.

[24] Fernandez J G，Ingber D E. Unexpected strength and toughness in chitosan-fibroin laminates inspired by insect cuticle [J]. Advanced Materials，2012，24（4）：480-484.

[25] Liu D G，Wu Q L，Chang P R，et al. Self-assembled liquid crystal film from mechanically defibrillated chitosan nanofibers [J]. Carbohydrate Polymers，2011，84（1）：686-689.

[26] Vázquez J A，Rodríguez-Amado I，Montemayor M I，et al. Chondroitin sulfate，hyaluronic acid and chitin/chitosan production using marine waste sources：characteristics，applications and eco-friendly processes：a review [J]. Marine Drugs，2013，11（3）：747-774.

[27] Percot A，Viton C，Domard A. Optimization of chitin extraction from shrimp shells[J]. Biomacromolecules 2003，4（1）：12-18.

[28] Synowiecki J，Al-Khateeb N A. Production，properties，and some new applications of chitin and its derivatives [J]. Critical Reviews in Food Science and Nutrition，2003，43（2）：145-171.

[29] 姚宏亮. 南极磷虾虾壳制备甲壳素/壳聚糖的工艺研究 [J]. 水产科学，2004，23（5）：34-36.

[30] Kurita K，Tomita K，Tada T，et al. Squid chitin as a potential alternative chitin source：deacetylation behavior and characteristic properties [J]. Journal of Polymer Science Part A：Polymer Chemistry，1993，31（2）：485-491.

[31] Delezuk J，Cardoso M B，Domard A，et al. Ultrasound-assisted deacetylation of beta-chitin：Influence of processing parameters [J]. Polymer International，2011，60（6）：903-909.

[32] Valdez-Pena A U，Espinoza-Perez J D，Sandoval-Fabian G C，et al. Screening of industrial enzymes for deproteinization of shrimp head for chitin recovery [J]. Food Science and Biotechnology，2010，19（2）：553-557.

[33] 王皓，吴丽，朱小花等. 甲壳素脱乙酰酶的研究概况及展望 [J]. 中国生物工程杂志，2015，35（1）：96-103.

[34] Tsigos I，Martinou A，Kafetzopoulos D，et al. Chitin deacetylases：new，versatile tools in biotechnology [J]. Trends in Biotechnology，2000，18（7）：305-312.

[35] Rao M S，Munoz J，Stevens W F. Critical factors in chitin production by fermentation of shrimp biowaste [J]. Applied Microbiology and Biotechnology. 2000，54（6）：808-813.

[36] Bautista J，Jover M，Guttierrez J F，et al. Preparation of crayfish chitin by in situ lactic acid production [J]. Process Biochemistry，2001，37（3）：229-234.

[37] Cira L A，Ochoa S H，Hall G，et al. Pilot scale lactic acid fermentation of shrimp wastes for chitin recovery [J]. Process Biochemistry，2002，37（12）：1359-1366.

[38] Wang S L，Chio S H. Deproteinization of shrimp and crab shell with the protease of pseudomonas aeruginosa K-187 [J]. Enzyme and Microbial Technology，1998，22（7）：629-633.

[39] 周湘池，刘必谦，郭春苹等. 生物技术清洁生产替代高污染化学法制备甲壳素的研究与应用 [J]. 海洋与湖沼，2008，39（5）：517-522.

[40] Aytekin O，Elibol M. Cocultivation of lactococcus lactis and teredinobacter turnirae for biological chitin

extraction from prawn waste [J]. Bioprocess and Biosystems Engineering, 2010, 33: 393-399.

[41] 刘培, 刘闪闪, 郭娜等. Bacillus licheniformis OPL-007 和 Gluconobacter oxidans DSM-2003 协同发酵虾头生产甲壳素的研究 [J]. 2013 年中国水产协会学术年会论文集, 2013: 205.

[42] Arbia1 W, Arbia1 L, Adour L, et al. Chitin extraction from crustacean shells using biological methods: a review [J]. Food Technology and Biotechnology, 2013, 51 (1) 12-25.

[43] 程倩, 吴薇, 籍保平. 微生物发酵法提取甲壳素的国内外研究进展 [J]. 食品科技, 2012, 37 (3): 40-43.

[44] Fajardo P, Martins J T, Fuciños C, et al. Evaluation of a chitosan-based edible film as carrier of natamycin to improve the storability of Saloio cheese [J]. Journal of Food Engineering, 2010, 101 (4): 349-356.

[45] Renault F, Sancey B, Badot P M, et al. Chitosan for coagulation/flocculation processes-an eco-friendly approach [J]. European Polymer Journal, 2009, 45 (5): 1337-1348.

[46] Yang Z, Degorce-Dumas J R, Yang H, et al. Flocculation of escherichia coli using a quaternary ammonium salt grafted carboxymethyl chitosan flocculant [J]. Environmental Science & Technology, 2014, 48 (12): 6867-6873.

[47] Liang R P, Fan L X, Wang R, et al. One-step electrochemically deposited nanocomposite film of CS-Fc/MWNTs/GOD for glucose biosensor application [J]. Electroanalysis, 2009, 21: 1685-1691.

[48] 张亚同, 胡欣. 氨基葡萄糖疗效评价中的争议 [J]. 药物与临床, 2012, 9 (14): 32-34.

[49] Zhang W, Moskowitz R W, Nuki G, et al. OARSI recommendations for the management of hip and knee osteoarthritis: part III [J]. Osteoarthritis Cartilage, 2010, 18 (4): 476-499.

[50] 徐铮奎. 氨基葡萄糖国内外市场看好 [J]. 中国制药信息, 2014, 30 (8): 33-34.

[51] 周湘池, 刘必谦, 徐君义等. 甲壳质生产物料平衡分析及清洁生产途径 [J]. 海洋学研究, 2007, 25 (3): 66-74.

[52] 张希衡. 废水厌氧生物处理工程 [M]. 北京: 中国环境科学出版社, 1996.

[53] 樊艳丽, 孔秀琴, 牛佳雪. 钙离子浓度对活性污泥处理系统脱氮效果的影响 [J]. 石油学报, 2014, 30 (5): 921-927.

[54] Sundarapandiyan S, Chandrasekar R, Ramanaiah B, et al. Electrochemical oxidation and reuse of tannery saline wastewater [J]. Journal of Hazardous Materials, 2010, 180: 197-203.

[55] 叶文飞, 周恭明, 何岩. 高盐有机废水生物处理研究进展 [J]. 四川环境, 2008, 27 (3): 89-92.

[56] Panswad T, Anan C. Impact on high chloride waste-water on an anaerobic/aerobic process with and without inoculation of chloride acclimated seeds [J]. Water Research, 1999, 33 (5): 1165-1172.

[57] 许劲, 赵绪光, 洪国强等. Fenton-水解酸化-厌氧接触-接触氧化工艺处理高盐生产废水 [J]. 给水排水, 2011, 37 (2): 54-56.

[58] 刘芳, 叶克难. 虾壳综合加工工艺的研究 [J]. 现代食品科技, 2007, 23 (9): 53-54.

[59] 刘汉文, 王爱民, 陈洪兴等. 甲壳素生产废水提取虾青素及水解蛋白的工艺研究 [J]. 饲料工业, 2011, 32 (14): 51-55.

[60] 赵黎明. 甲壳素生产废碱液双膜耦合碱回收技术研究 [D]. 无锡: 江南大学, 2009.

[61] 曾德芳, 余刚, 张彭义等. 壳聚糖生产废液的污染治理与综合利用 [J]. 环境化学, 2002, 21 (3): 288-291.

[62] 周统武, 蔡娟. 利用壳聚糖生产的废弃液制备双乙酸钠 [J]. 化工进展, 2008, 28 (5): 908-910.